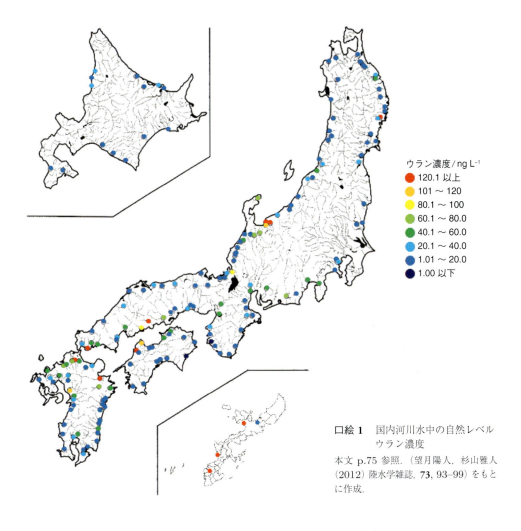

口絵 1　国内河川水中の自然レベルウラン濃度

本文 p.75 参照．（望月陽人，杉山雅人（2012）陸水学雑誌, **73**, 93–99）をもとに作成．

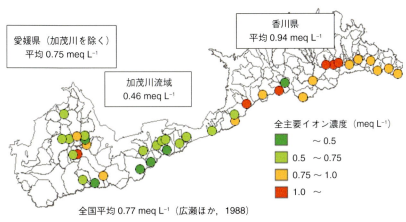

口絵 2　四国北域における渓流水中の溶存イオン濃度

本文 p.86 参照．（広瀬ほか，1988）は本文第 8 章文献参照．（浦西洸介氏 提供）

口絵 3　インターラーケンの街 (a) の両端に位置する氷河湖, トゥーン湖 (b) とブリエンツ湖 (c)
本文 p.98 参照. (千賀有希子撮影)

口絵 4　堰止湖, 海跡湖である宍道湖・中海
本文 p.98 参照. (Google Earth より転載)

口絵 5　火山酸性湖である湯釜（草津白根山, 群馬県）
湖水は塩化水素や二酸化硫黄が溶け込み約 pH 1 を示す.
本文 p.98 参照. (千賀有希子撮影)

口絵 6　抽水植物ヨシ (a), 浮葉植物ヒシ (b) および沈水植物バイカモ (c)
本文 p.99, 116 参照.（千賀有希子撮影）

口絵 7　尾瀬ヶ原
ミズゴケ湿原と地塘に映る燧ヶ岳. 本文 p.116 参照.（千賀有希子撮影）

口絵 8　釧路湿原（スゲ帯）
ヨシ，スゲが多くを占める低層湿原．本文 p.116 参照（千賀有希子撮影）．

口絵 9　谷津干潟のグリーンタイド現象
谷津干潟は，四方をコンクリートで囲まれ，東京湾からの海水の出入りは 2 本の水路に限定されている閉鎖性の干潟である．都市の渡り鳥の経由地として希少な場であることから，ラムサール条約に登録され保全活動が活発な干潟であるが，近年グリーンタイド現象が頻発し問題となっている．本文 p.119 参照．（2013 年 9 月 21 日，千賀有希子撮影）

Limnological Chemistry

陸水環境化学

藤永 薫
[編集]

大嶋俊一・管原庄吾・杉山裕子・千賀有希子
藤永 薫・向井 浩・山田佳裕
[著]

ま え が き

　日本は終戦後の高度成長期には，環境への理解が乏しかったために深刻な公害を経験した．公害を克服した後も，各地で富栄養化による環境汚濁が進行してアオコ，赤潮現象に悩まされた．しかし，この問題も環境保全・保護への意識と関心が高まり，下水道が整備されるにつれて，現在ではそれ以上の悪化を食い止めることができている．それでは環境問題は全部解決してもう何も心配は要らないかというと，残念ながらそのようなことはない．福島原子力発電所の予想していなかった事故の例を引くまでもなく，人間も環境中に存在している以上，今後も新しい問題が発生しうるという危機感をもつ必要がある．

　さらに，日本列島は温帯モンスーン気候に属しており，降水量が多く，水資源が豊かなイメージがあるが，国土が狭く人口密度が高いために，実は国民1人あたりの水資源量は乏しい．したがって，この限られた水資源を無事に子孫に引き継ぐという義務感と危機意識をもつことは，科学技術立国の国民として求められる資質である．このような状況下にある日本では，身近な陸水圏環境の動態と物質移動のメカニズムの基本原理を理解できる素養を身につけることは，分野を問わず理工系学問を学ぼうとする学生にとって基本的な要件であるといえる．また海外に目を向ければ，多くの開発途上国では今なお水質汚染に苦しむ人たちが多く，日本の長年培った環境科学の技術と知識が貢献できる場面は多いことから，日本に対する技術的な支援の期待は大きい．

　以上の観点に基づいて，本書はわれわれにとって身近な存在である湖沼と河川を中心とする陸水環境について，理解を助けるためのツールを提供することを目的としている．理工系大学の初年度学生から環境科学系専攻の大学院生を対象にした教科書であり，水環境現場について研究経験の豊富な講師によって，事例紹介に基づいて学生が理解しやすい解説を心がけている．第1章の「陸水環境を理解するために」では，本書を読むのに助けとなる基本的な事柄を解説する．第2章では「地球の歴史と構成」として地球環境を概説し，第3章では水環境の主役である水の化学的性質の特性を「水分子と陸水環境」として解説する．第4章から第7章はそれぞれ，第4章「陸水の酸性度」，第5章「環境水中の溶存物質」，第6章「陸水中の酸化還元」，第7章「環境水中の錯生成」の内容になっており，溶液中の化学種の化学変化を基礎的な平衡論でやさしく講述している．最後の3つの章（第8～10章）では，日本の河川と淡水湖，湿地と沿岸域がもつ特徴を具体例に基づいて紹介する．

　化学を専門とする学生は，第4章から順に第10章へと読み進めば，分析化学の基礎的な平衡論に基づいて環境水中の化学物質の挙動が理解できる．大学の基礎課程で習った理論は空論ではないこと，環境中の物質の挙動や反応が平衡論によって明快に説明できる楽しさを味わってほしい．化学を高等学校で学ばなかった学生は，第1章→第2章→第3章→第8章→第9章→

第10章の順に読んでいけば，化学に深くこだわらずとも河川と湖沼の水環境の実態が理解できる．実例が多く紹介されているのでそれらの図表の意味を理解するなかで，水環境への理解が十分深まるような組み立てになっている．なお，各章末の演習問題の解答例は，下記のアドレスに掲示されている．

www.kanazawa-it.ac.jp/eri/limnological/answer.html

化学を修得している学生もしていない学生にも，陸水環境の実態が理解できるようになってもらいたいという希望の下に，本書を『陸水環境化学』と名づけた．

本書をまとめるにあたって，島根大学総合理工学部 奥村 稔氏と麻布大学環境科学部 稲葉一穂氏から有益なコメントをいただいた．また，以下の方々から論文・データの引用に許可をいただいた．公益社団法人日本化学会，日本陸水学会，京都大学総合人間学部 杉山雅人氏および，国立環境研究所 野原精一氏に，ここにあらためて，著者一同感謝の意を表する．

最後に，著者一同の共通の研究仲間である近藤邦男博士と藤永 慧博士に本書を捧げる．

2017 年 10 月

藤 永 薫

目　　次

第1章　陸水環境を理解するために　　　　　山田佳裕・藤永　薫・杉山裕子　　**1**

1.1　陸水とは 1
    1.1.1　地表における水循環の考え方 1
    1.1.2　物質循環の考え方 2
1.2　濃度の表現 4
1.3　ボックスモデルと水循環 5
1.4　水質測定項目 5
    1.4.1　水質調査の目的 5
    1.4.2　物理的水質測定項目 6
    1.4.3　化学的水質測定項目 8
1.5　水質基準 11
第1章　演習問題 13
第1章　文　献 15

第2章　地球の歴史と構成　　　　　　　　　　　　　　藤永　薫　　**17**

2.1　はじめに 17
2.2　岩　石　圏 17
2.3　大気圏と水圏 20
2.4　生　物　圏 21
第2章　演習問題 21
第2章　文　献 22

第3章　水分子と陸水環境　　　　　　　　　　　　　　向井　浩　　**23**

3.1　はじめに 23
3.2　水の物理的性質 24
    3.2.1　水の熱的性質 24

vi 目 次

3.2.2	水の光透過性	25
3.3	水の化学的性質	27
3.3.1	水分子の特徴	27
3.3.2	液体の水の特徴	28
3.4	水の温度と密度の変化からみた陸水環境	32
第3章	演習問題	34
第3章	文 献	34

第4章 陸水の酸性度　　　　　　　　　千賀有希子・大嶋俊一　35

4.1	はじめに	35
4.2	水の電離平衡と pH	35
4.3	純水の pH	37
4.4	緩衝作用	38
4.5	淡水域の pH	39
4.6	海域の pH	40
4.7	日本における酸性湖および酸性河川	41
4.8	水域の酸性化	43
第4章	演習問題	43
第4章	文 献	43

第5章 環境水中の溶存物質　　　　藤永　薫・管原庄吾・向井　浩　45

5.1	はじめに	45
5.2	環境水中に溶存している有機化合物	45
5.3	溶解度と沈殿	47
5.3.1	溶解度積と溶解度	47
5.3.2	溶解度に及ぼす要因	49
5.3.3	溶解度に及ぼす pH の影響	49
第5章	演習問題	59
第5章	文 献	59

第6章 陸水中の酸化還元　　　　　　　　藤永　薫・大嶋俊一　61

6.1	はじめに	61
6.2	酸化と還元	62

6.3	ネルンスト式	63
6.4	環境水中の酸化還元現象	65
6.5	電位–pH（安定領域）図	66
	6.5.1　水の安定領域図	67
	6.5.2　鉄の安定領域図	68
	6.5.3　マンガンの安定領域図 . . .	72
第6章　演習問題		73
第6章　文　献		73

第7章　環境水中の錯生成　　　　　　　杉山裕子・藤永　薫・大嶋俊一　75

7.1	はじめに	75
7.2	金属錯体について	75
7.3	配 位 子	77
	7.3.1　配位子の種類	77
	7.3.2　HSAB則	78
7.4	錯生成平衡	79
7.5	天然に存在する有機配位子 . . .	80
第7章　演習問題		81
第7章　文　献		82

第8章　河　　　川　　　　　　　　　　　　　　　　山田佳裕　83

8.1	はじめに—河川環境の特徴 . . .	83
8.2	流域の環境と水質	84
	8.2.1　雨から河川へ	84
	8.2.2　源流の水質—窒素飽和 . . .	85
	8.2.3　平野部の水質	87
8.3	流域の水利用と河川水質	89
	8.3.1　河川の分断化と河川の水質 .	89
	8.3.2　ダム湖の水質	89
	8.3.3　堰によって形成された止水域の水質 . . .	91
8.4	河床の酸化還元環境	93
第8章　演習問題		95
第8章　文　献		95

viii 目 次

第9章 湖 沼 千賀有希子・山田佳裕 **97**

9.1 はじめに 97
9.2 湖沼の成因 97
  9.2.1 侵食作用 97
  9.2.2 堆積作用 98
  9.2.3 火山活動 98
  9.2.4 地殻変動 98
  9.2.5 生物作用 98
9.3 湖沼の生態区分 99
9.4 湖沼の層構造 100
9.5 水質からみた湖沼の分類 101
9.6 溶存酸素の分布 102
9.7 一次生産と分解過程 104
9.8 栄 養 塩 105
  9.8.1 窒素の循環 105
  9.8.2 リンの循環 107
  9.8.3 レッドフィールド比 109
9.9 湖底堆積物 110
第9章 演習問題 110
第9章 文 献 110

第10章 湿地，沿岸域 千賀有希子・管原庄吾・山田佳裕 **113**

10.1 はじめに 113
10.2 湿 地 114
10.3 河口域，汽水湖 116
10.4 干 潟 118
10.5 硫酸還元過程による硫化水素の発生 120
第10章 演習問題 122
第10章 文 献 123

付録 水質測定項目の原理 杉山裕子 **125**

A. 硬 度 125
B. ケイ酸イオン（モリブデンブルー法） 126

C. リン酸イオン（モリブデンブルー法） 126

D. 硝酸イオン・亜硝酸イオン（ナフチルエチレンジアミン法） 126

E. アンモニウムイオン（インドフェノール青法） 127

付録 文 献 127

付表　日本のおもな湖沼　　　　　　　　　　　　　　　　　　　128

索　引　　　　　　　　　　　　　　　　　　　　　　　　　　129

第1章

陸水環境を理解するために

1.1 陸水とは

1.1.1 地表における水循環の考え方

陸水 (inland water) とは陸域に存在する水の総称で，淡水はもちろん，閉鎖的海域の海水や淡水と海水が混じった汽水が対象になる．陸水学 (limnology) はこれらの水の動き，その中に存在する物質，生物の営みに関する自然科学的事象を取り扱う学際的な研究分野で，環境科学において重要な役割を担っている．

われわれが暮らす日本は，世界でも雨が多い地域である．年間の平均的な降水量は 1700 mm 程度あり，山間部では 3000 mm を超えることも珍しくない．雨が多いのは東南アジアから日本付近にかけてみられる特徴であり，海から陸にかけて吹くモンスーン (monsoon) が，多くの雨をもたらしている．アジアにおいて，生物の生育が活発で人口も多いのは，この雨によるところが大きい．日本近辺では，夏に南からの風により梅雨前線が形成され，多くの雨がもたらされる．かつては，水耕栽培である稲作の田植えは梅雨の時期に行われていた．多くの水が必要になる稲は，少量の水で栽培できる小麦と比べて生産量が 3 倍ほど高く，より多くの人口を養うことができる．また，冬には大陸から吹き出した風が，日本海で蒸気を含み，日本海側で雪を降らせる．この雪は地下水となり，長期間にわたって，安定的に多くの水を平野部に供給することになる．このように，日本は非常に恵まれた水源をもつ地域であり，生態系や人間の生活は，この豊富な水を背景に成り立っている．

近年の気象変化に関して，気温の変化は大きく取り上げられているが，これに加えて降水量の時間的・空間的変化も重要である．とくにここ 20 年間をみると，年間の降水量の上下変動が大きくなっている．極端な洪水や渇水は，とくに地表面での水循環を変化させ，自然界のシステムやわれわれの暮らしにも影響を及ぼすことになる．

地表面で水が最も多く存在するのは海洋で，全体の 96.6% である（表 1.1）．淡水では，氷雪が 1.73% と多く，次が（塩水 + 淡水）地下水の 1.65% である．これらの存在量の多い水はあまり動かない．平均滞留時間は海洋で 3200 年，氷雪で 9700 年，地下水では 840 年と見積もられ

2 第1章 陸水環境を理解するために

表 1.1 水の貯留量と滞留時間 [a]

種　類	貯留量 10^3 km^3	存在割合 (%)	流入量 10^3 km^3 yr^{-1}	平均滞留時間[b]
塩　水				
海　水	1,350,000	96.6	418	3200 年
塩水湖	94	0.007		
塩水地下水	13,000	0.93		
淡　水				
氷　雪	24,230	1.73	2.5	9700 年
淡水地下水	10,100	0.72	12	840 年
土壌水	25	0.0018	76	0.3 年
湖沼水	125	0.0089		
河川水	1.2	0.0001	35	13 日
水蒸気	13	0.001	483	10 日
生物中の水	1.2	0.0001		
計	1,397,589.4			

[a] 榧根 勇（1980）『水文学』，p.43，大明堂を一部改変．
[b] 平均滞留時間は 1.3 節を参照．

ている．地下水に関しては，新たな水の供給がなく，地層に閉じ込められて循環しないものもある．一方で，河川水の存在量は 0.0001％と少ないが，平均滞留時間は 13 日である．日本の河川に限ってみると，河川が短いため，滞留時間が数時間から 3 日程度である．湖沼水に関しても存在量は 0.0089％と少ないが，滞留時間は規模の小さい湖で 1 カ月程度から，琵琶湖で約 5 年と比較的短い．水循環を考えるときは存在量と滞留時間の 2 つの視点が重要になる．生物や人間の持続的な水利用の視点から水循環をみた場合は，河川水，湖沼水のような滞留時間が短い水が安定的に供給されることが大切である．降水量の変化は，地表面での滞留時間の短い水の循環に直接的に影響するため，生態系やわれわれの暮らしにも影響を及ぼしやすい．人間活動に起因する地球温暖化が気象変化の原因であるとするならば，地球上の水循環の変化は人間への負のフィードバックと考えることができるであろう．

1.1.2　物質循環の考え方

生態系を理解するには，自然界で起こっているさまざまなプロセスの関係性を明らかにする必要がある．湖沼は閉鎖性の水域で，他の空間と比べて定常状態が把握しやすいため，古くから物質循環の研究が行われている（Forbes, 1887）．広い意味で生態系を定義すると，エネルギーの移動，物質の循環，食物連鎖などをあわせた複合システムといえる（Lindeman, 1942）．この考えは，近年の地球環境を考えるうえで大切な視点を提供している．発展的な考え方として人間を生態系の一員として加えて，系の物質循環の中での位置づけを明らかにしていくことが，自然界と人間の相互関係のあり方を考えるうえで大切になる．

地表面の物質循環のひとつは水圏，大気圏，岩石圏をプールとした物質の流れである（図 1.1）．物質は物理的・無機化学的反応に支配され，長い時間をかけて，形態を変化させながらこれらの間を循環している．この循環は，地球化学的物質循環とよぶことができる．もうひとつは，生物が強く関与する生物圏での循環である．生物は地球上に誕生してから今まで，自らの生存に

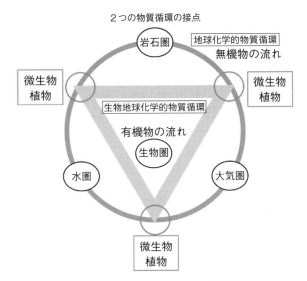

図 1.1 地球上における 2 つの物質循環

適するように物質循環を構築してきた．たとえば，植物によって生産された酸素は，生物の関わる化学反応において重要な物質であり，地球上の生物圏の物質循環に大きな影響を与えている．生物圏における物質の変換は生物のエネルギー代謝により構築されており，この循環は生物地球化学的物質循環とよぶことができる（和田，2002）．

地球上ではこれらの2つの物質循環が密接に関わりあうことで，生態系が構築されている．生物地球化学的物質循環は地球化学的物質循環にうまくリンクし，必要な物質を取り込み，生物間で利用した後，戻しているのである．物質の取込みと排出は植物や微生物が担っている．われわれ動物は，植物によって取り込まれた物質の一部を食物連鎖の中で利用している．

たとえば，窒素についてみると，窒素の大部分は大気中に存在する窒素ガスであり，その一部を**窒素固定**（nitrogen fixation）が可能な藻類や菌類がアンモニアに（アンモニア化，ammonification），その後，有機物に変換する．これが，生物地球化学的物質循環への入り口である．アンモニアは酸素の存在下で，エネルギー代謝にアンモニアを利用する細菌によって硝酸に変換される（硝化，nitrification）．硝酸は，酸素が少ない環境下で細菌に利用され，窒素ガスとして大気中に戻される（脱窒素，denitrification）．これが出口である．この流れがスムーズであれば，**窒素循環**（nitrogen cycling）は健全であると解釈できる．しかし，硝化や脱窒素がうまく機能しないと窒素の流れは停滞し，生物圏に蓄積することになる．これは，窒素循環，すなわち生態系が不健全な状態であると解釈できる．人間活動は自然に有機物を放出する．有機物は分解の過程で酸素を消費し，水中や土壌中の酸素のバランスを変える．結果として，酸素が重要な物質として機能している窒素循環に大きな影響を与え，その循環を停滞させるのである（9.8.1項参照）．

自然を考えるときには，物質の存在量も重要な指標としてとらえることは必要であるが，これに加えて自然界で起こっているプロセスを理解することも大切である．物質の流れは，化学

4　第 1 章　陸水環境を理解するために

表 1.2　よく使われる接頭語

記号	名称	乗数	記号	名称	乗数
T	テラ	10^{12}	d	デシ	10^{-1}
G	ギガ	10^9	c	センチ	10^{-2}
M	メガ	10^6	m	ミリ	10^{-3}
k	キロ	10^3	μ	マイクロ	10^{-6}
h	ヘクト	10^2	n	ナノ	10^{-9}
da	デカ	10^1	p	ピコ	10^{-12}
			f	フェムト	10^{-15}

変化を知ることによって理解できる．本書では，陸水域における物質の流れについて，化学の視点から解説することで，生態系の基盤的な構造を学ぶことを目的とする．

1.2　濃度の表現

溶液の化学変化を熱力学的に解析するときには，溶質の実効濃度を化学ポテンシャルと直接関係づけられる活量で議論されるが，海水のような濃厚溶液では測定濃度は活量と異なる．このことを理解したうえで，モル濃度を使う．すなわち，純水および純粋な固体の活量は 1 としてよいが，通常の溶液では活量とモル濃度との間には以下の関係があり，濃度が高くなるにつれて活量係数は 1 から外れる．

$$活量 \, (a) = モル濃度 \, (C) \times 活量係数 \, (\gamma) \tag{1.1}$$

測定結果を熱力学的データと関係づけて議論する場合には，その濃度における γ の値を知る必要がある．

陸水中の溶質濃度を記述するのに，モル濃度と質量濃度，質量パーセントの 3 つがよく使われる．どのように使い分けられるかというと，モル濃度は単位体積あたりの物質量（モル数）を表しており，反応機構の解析をする場合に使われる．質量濃度は単位体積あたりの質量（重量）であるので，存在量の多寡が問題になる環境基準値などに使われる．

モル濃度を SI 単位で表せば mol dm^{-3} と表記されるが，初学者には不慣れな表現であるので，本書では広く使われている mol L^{-1} を基本的に使用する．質量濃度の単位は，g L^{-1} である．質量パーセントは，1 L を 1 kg とすると $10 \, \text{g L}^{-1} = 1\%$ になる．同様に 1 ppm（parts per million）は百万分率で，$1 \, \text{mg L}^{-1} = 1/10^6 = 1 \, \text{ppm}$ である．同様の表現に，$1 \, \mu\text{g L}^{-1} = 1/10^9 = 1 \, \text{ppb}$（parts per billion）と $1 \, \text{ng L}^{-1} = 1/10^{12} = 1 \, \text{ppt}$（parts per trillion）がある．質量パーセントは質量濃度と同義で使われることが多いが，無単位であるので正式な報告書や論文の記述にはふさわしくない．しかし，新聞や雑誌，インターネットなどの記事では日常的に使われているので，環境化学系の分野に進む学生は理解していることが望ましい．

ここで，1 ng は 10^{-9} g のことである．環境化学だけでなく化学の分野では極微量，超低濃度の物質について議論することが多いが，指数表示を簡便化するために接頭語をよく使う．ミリ (m) やマイクロ (μ) などはよく知られているが，それ以外の接頭語を表 1.2 にまとめたので，使いこなせるように馴染んでほしい．

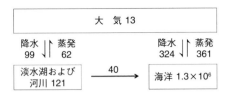

図 1.2 地球表層における水の循環

各フラックスは 10^3 km^3 yr^{-1} で，リザーバーの水量は 10^3 km^3 で表している．（藤永, 2005）に基づいて作成.

1.3 ボックスモデルと水循環

　環境化学の分野では環境中の物質移動の様子を単純化して説明するのに，**ボックスモデル**（box model）とよばれる模式図がよく使われる．図 1.2 は，大気圏–水圏–岩石圏の間を相互に循環する水の様子をモデル化した図である．四角に囲まれている部分は**リザーバー**（貯留庫，reservoir）といわれ，全体（この場合は地球環境）の中で評価の対象となるシステム（系）を表している．矢印は**フラックス**（flux）といい，システムに供給される，あるいはシステムから除去される物質の移動を表している．このようにモデル図にすれば，年間海洋から（蒸発と降水の差し引き）4×10^4 km^3 程度の水が降水として陸地に供給され，同程度の量の水が陸地から海洋に河川水として供給されていることが，容易に理解できる．この図の大事な点は，リザーバー中に存在する物質の量をフラックスの量で割れば，その物質がリザーバー中に滞在している平均時間，すなわち（平均）**滞留時間**（residence time）を求めることができることである．

$$\text{滞留時間} = \frac{\text{リザーバー中の物質の量}}{\text{単位時間あたりに供給または除去される物質の量}} \tag{1.2}$$

例として大気中の水蒸気についてみると，計算上平均滞留時間は 11 日になり，単純化して 11 日で入れ替わっているといえる．滞留時間の長短は，その物質のシステム中における安定性を表している．反応活性な物質はシステムから速やかに除去されるし，反応不活性な物質は安定してシステム中にとどまる．海洋中でのナトリウム（Na）の滞留時間は 6000 万年であるのに対して，カルシウム（Ca）は 100 万年，鉄（Fe）は 500 年，ウラン（U）は 40 万年であり，それぞれ海洋中での存在形態の安定性に対応している．ちなみに，この模式化は環境化学の分野独特のものではなく，薬理学の分野でも薬効成分がどの程度体内にとどまるかを体内滞留時間として評価するのに使われている．

1.4 水質測定項目

1.4.1 水質調査の目的

　本書では陸水環境を理解するためのツールとして，さまざまな水質測定項目の測定結果を図表として紹介している．それらの水質測定項目は水温や pH といった初学者でも知っている項目から，講義で初めて出合う専門的な項目まで多岐にわたる．ここでは，おもな水質測定項目の測定原理と陸水学的な意義について簡単に説明する．

6   第1章　陸水環境を理解するために

　水中に存在する化学成分の分析は，さまざまな観点から行われている．たとえば，地球表層における物質循環を調べる地球化学的見地からの研究，生物の生育環境としての水質を調べる生態学的な見地からの研究，あるいは飲用水の水質監視を目的としたモニタリングなどである．調査・研究の目的により，測定する対象や，求められる測定精度および感度は異なる．たとえば，硝酸イオン濃度を例にとると，「人の健康の保護に関する環境基準」によると $10\,\mathrm{mg\,L^{-1}}$ 以下，水産3種・工業用水と農業用水の基準（表 1.3〜1.5 参照）は全窒素（硝酸，亜硝酸，アンモニア，有機態窒素の合計）で $1\,\mathrm{mgN\,L^{-1}}$（表 1.4（イ）を参照），水道1・2・3級で全窒素 $0.2\,\mathrm{mgN\,L^{-1}}$ とさまざまであるし，たとえば瀬戸内海表層域における海域間での硝酸イオン濃度は $0\sim0.5\,\mathrm{mg\,N\,L^{-1}}$，第35次南極観測隊が行った表面海水中の硝酸イオンの緯度分布では，$5\sim30\,\mathrm{\mu mol\,L^{-1}}$（$0.07\sim0.42\,\mathrm{mgN\,L^{-1}}$）の値で分布していることが示されているが，海洋の場合は $0.1\,\mathrm{mgN\,L^{-1}}$ 以下の濃度を定量できないと，海域間の違いを論じることはできないことがわかる．

　したがって，調査を行う場合には，既存の方法を精査し，自分の測定対象と目的を満たす感度・精度が得られる方法を選択することが重要であるし，既存の方法のなかに最適なものが見つからない場合は，自分で測定法を開発することも必要であろう．

1.4.2　物理的水質測定項目

　水質の基本的な測定項目を以下に紹介する．水質測定項目は，物理項目と化学項目とに大きく分類できる．物理項目は，調査目的にかかわらず，測定しておくべきものである．

A. 温　　度

　気温は，濡れていないガラス製棒状温度計を使用し，直射日光を避け，測定者の身体から離し，地上から $1\,\mathrm{m}$ 以上離した位置で測定する．水温は棒状温度計を使用するか，現場型電気水温センサーを用いて測定する．棒状温度計は，表面水の水温を測定できる．アルコール柱の上端部分まで水に浸け，水温が一定になったところで目盛を読む．バケツや採水器を使用して採取した水の水温を棒状温度計で測定することは可能であるが，採取時から測定時までの間に水温が変化するので，正確な測定は難しい．とくに深度の大きい水に関しては，現場型電気センサーを用いることが一般的である．水温は水の性質を示す重要な項目であり，水の混合や履歴を探る指標としても重要である．たとえば水温を空間的に密に測定することにより，異なった起源を有する水の混合や，湧水の有無などもわかる．

B. 懸濁物質量

　環境水の汚濁の程度を表す指標のひとつに**懸濁物質**（suspended substance：SS）量がある．文字どおり環境水中に懸濁している物質の量のことで，適切な沪紙を使って採取した環境水の一定量を沪過したときの，沪過前後の沪紙の乾燥重量の差から求められる（$\mathrm{g\,L^{-1}}$）．懸濁物質には，プランクトン由来の有機物と粘土粒子由来の無機物が含まれており，ガラス繊維沪紙を使うと，有機元素分析装置で測定することによって，懸濁態の有機物質量と無機物質量を分別して算出することができる．

C. 濁　　度

濁度（透過光濁度；turbidity）には，カオリン濁度とホルマジン濁度の2種類がある．カオリン濁度は，カオリン $1\,mg\,L^{-1}$ 溶液の濁りを基準（1度）としている．濁度は，規定濃度のカオリン溶液（濁度標準液）と試料を目視により比較するか，光学系センサーを用いて測定する．後者には，透過光法，散乱光法，透過散乱光方式，表面散乱光方式，積分球式光電光度法などさまざまな方式があり，測定法によりそれぞれ異なった値を与えるため，必ず測定法を明記したうえで測定値を記す．ホルマジン濁度はホルマジン標準溶液（硫酸ヒドラジニウムとヘキサメチレンテトラミンにより調製）を基準とするものである．濁度は水中に存在する粘土性物質，有機物，沈殿物，生物などにより支配されているので，それらの物質が沈降してしまった後で測定すると正確な測定値は得られない．

D. 電気伝導率

電気伝導率（導電率，electric conductivity）は，電気抵抗率の逆数で，単位は $S\,m^{-1}$ や $mS\,m^{-1}$，$\mu S\,cm^{-1}$ などである．ここで S はジーメンスとよばれ，電気抵抗（Ω）の逆数であるコンダクタンスを表す（$S=1/\Omega$）．電気伝導率の値により，溶解性イオンの当量数を推定することができる．導電率測定にはセンサーが用いられるが，大きく"交流二電極法"と"電磁誘導法"がある．環境測定には前者がよく用いられている．電気伝導率は水温により変化するので，基準温度（25℃）に換算した値を示す．電気伝導率は，水温と同様に，水塊の違いや異なった起源を有する水の混合などの指標として有用である．とくに塩水と淡水の混合を知るのには適している．

E. pH

pH は，水素イオン濃度（酸性度）を表す指数であり，$pH = -\log[H^+]$ で定義されている．pH の測定は，比色法とガラス電極法によって行われている．比色法は pH 指示薬を試料水に加え，その色を比色標準色列と目視により比較し，pH を決定する．天然水でよく用いられる BTB（ブロモチモールブルー）は 6.0～7.6，PR（フェノールレッド）は 6.8～8.4 の pH 範囲で使われる．ガラス電極法とは，pH ガラス電極と参照電極の2本の電極を試料溶液に浸漬し，この2つの電極の間に生じた電圧（電位差）を知ることで溶液の pH を測定する方法であり，参照電極とガラス電極の pH の差による起電力（$59\,mV/pH$）が正確に生じるように工夫した電極である．

F. 溶存酸素

溶存酸素（dissolved oxygen：DO）とは，水中に溶解している酸素（O_2）のことであり，単位体積の水に溶解している O_2 量（$mg\,L^{-1}$，$\mu mol\,L^{-1}$）で表す．酸素は，ヘンリー（Henry）の法則に則り，大気中の O_2 の分圧に比例して水中に溶解する．DO は水温，塩分濃度，気圧などの影響を受け，水温と塩分量の上昇とともにその飽和濃度は減少する．また，DO は生物活動による影響も大きく受ける．有機物の供給量が多く，常に呼吸（酸化分解）により酸素が消費されているような環境では DO は低くなり，低酸素や無酸素の状態になることがある．逆に活発な光合成が行われている環境においては，二酸化炭素の消費と酸素の放出が行われ，DO は過飽和になることもある．

8 第 1 章 陸水環境を理解するために

G. 酸化還元電位

酸化還元電位の英語名が oxidation-reduction potential であることから ORP とよばれる. 酸化体 Ox が還元体 Red に還元される反応

$$\text{Ox} + m\,\text{H}^+ + n\,\text{e}^- \rightleftharpoons \text{Red} + \frac{m}{2}\,\text{H}_2\text{O} \tag{1.3}$$

において,

$$E = E^\circ - \frac{RT}{nF} \ln \frac{a_{\text{Red}}}{a_{\text{Ox}} a_{\text{H}^+}^m} \tag{1.4}$$

と表すことができる. つまり, 酸化還元電位 E は酸化性物質と還元性物質の活量の比により変化する (6.3 節参照). ORP は, ORP 計を用いて測定するが, 参照電極に対する値が検出されるため, 参照電極により得られた値を標準水素電極に対する値に換算して示すことが多い. ORP は一般的に酸素が十分に存在する水試料では 500〜700 mV 程度を示すが, 地下水や湧水など, 一定期間大気から遮断され, 有機物分解が進んだような水試料では −300〜200 mV の低い値を示す.

H. 透明度

透明度 (transparency) は湖沼などの水の透明さの指標であり, セッキ板とよばれる直径 25〜30 cm の白色の板を水中に沈めて, それが周囲の水の色と区別できなくなる (見えなくなる) 深度 (m) で表す. 透明度は原始的な測定項目ではあるが, この値から濁度や懸濁物量, 照度の推定, 補償深度の推定などが可能である. また, 溶存有機炭素濃度とも相関があることが報告されている (Sugiyama *et al.*, 2004).

1.4.3 化学的水質測定項目

次に化学項目について紹介する. 化学項目は物理項目に比べて, 水質を定量的に吟味するのに有効な情報が得られるが, 専門的な測定技術が必要とされる場合が多く, 信頼できる測定値を得るには分析化学実験の経験が必要とされる.

A. アルカリ度

アルカリ度 (alkalinity) は, 炭酸 (H_2CO_3), 炭酸イオン ($\text{CO}_3{}^{2-}$), 炭酸水素イオン ($\text{HCO}_3{}^-$), 水酸化物イオン (OH^-) や, 量的にわずかであるが一部の有機酸や弱酸の塩 (ケイ酸, リン酸, ホウ酸) などの酸と反応するアルカリ成分 [Alk] が, 試料水中にどれだけ含まれているかを示す項目である.

$$[\text{Alk}] = [\text{HCO}_3{}^-] + [\text{CO}_3{}^{2-}] + [\text{OH}^-] - [\text{H}^+] \tag{1.5}$$

アルカリ度は 2 種に区別され, pH 8.3 まで中和した場合の酸消費量をフェノールフタレインアルカリ度 (P アルカリ度), pH 4.8 までの酸消費量を総アルカリ度 (T アルカリ度または M アルカリ度) とよぶ. 上水試験方法では 0.01 mol L^{-1} の硫酸溶液を用いて滴定を行い, pH 4.8 になるまでに消費された硫酸の量により 1 L あたりの当量数を計算する (meq L^{-1}). pH 指示薬はメチルレッドを使用する.

図 1.3 環境中のリンの形態
TP: total phophorus, PP: particulate phosphorus, DP: dissolved phosphorus, DIP: dissolved inorganic phosphorus, DOP: dissolved organic phosphorus.

B. 硬　　度

硬度（hardness）は試料水に含まれる Ca^{2+} とマグネシウムイオン（Mg^{2+}）の合計含有量の指標である．Ca^{2+} と Mg^{2+} の量を炭酸カルシウム（$CaCO_3$）量に換算したアメリカ硬度と，Ca^{2+} と Mg^{2+} の合計量をすべて酸化カルシウム（CaO）量に換算して表したドイツ硬度があり，日本はアメリカ硬度（$mg\,L^{-1}$）をおもに使っている．

C. 塩化物イオン

塩化物イオンは水中に溶解している塩素分のことで，水中で分解されたり，沈殿したりすることなく水中にとどまっているため，排水の混入や希釈度の指標となる．自然界に広く存在し，海水中には多量に存在し，約 $19.9\,g\,L^{-1}$ もの塩化物イオンが含まれている．河川水中の塩化物イオンは，風送塩（海水のしぶきが舞い上がったもの）の落下，風送塩を含む雨水，人為汚染，温泉および火山からの供給，土壌，岩石からの供給などがあり，一般には数～十数 $mg\,L^{-1}$ の値である．海から離れた山間部の流水や地下水で，人為的汚染がないにもかかわらず塩化物イオンの濃度が高い場合には，温泉や火山ガスの溶け込みが考えられる．土壌を水に浸漬したとき塩化物イオンが溶出するが，これは岩石の風化物ではなく，雨，風送塩，人為汚染からくるものが大部分である．

D. リ　　ン

リン（P）は水環境の生物生産を支配する重要な要因であり，いろいろな形態で環境水中に存在している（9.8.2節）．生体中で P は，遺伝情報をつかさどるデオキシリボ核酸（deoxyribonucleic acid：DNA）などの高分子化合物，エネルギー回路を動かすアデノシン三リン酸（adenosine triphosphate：ATP）のような低分子化合物，骨を形成するヒドロキシアパタイトなど多様な形態で存在しており，生体が分解されるとそれらが水圏環境に供給される．測定試料の前処理法（沪過）によって，懸濁態リンと溶存態リンに，化学形態によって有機態リンと無機態リンに分類される．無機態リンはさらに，オルトリン酸（PO_4^{3-}）と縮合リン酸に分類できる．縮合リン酸とはピロリン酸（$P_2O_7^{4-}$）やトリポリリン酸（$P_3O_{10}^{5-}$）などのことで，かつては合成洗剤に洗浄助剤として含まれていたが，環境汚濁の要因として問題視されて以後使われておらず，今日ではあまり重要視されていない．一方，PO_4^{3-} は植物プランクトンに利用される化学種であり，無機態リンの中で存在比が高いことから PO_4^{3-} をもって無機態リンとすることが多い．これらすべての形態のリンの総和を**全リン**（total phosphorus：TP）という．これらの関係を図 1.3 に示す．

図 1.4 環境中の窒素の形態

TN: total nitrogen, PN: particulate nitrogen, DN: dissolved nitrogen, DIN: dissolved inorganic nitrogen, DON: dissolved organic nitrogen.

環境水中の P の存在形態よりも総量を問題とする視点から，PO_4^{3-} のことをリン酸態リン（PO_4–P）とよぶことがある．PO_4^{3-} 濃度と PO_4–P 濃度の関係を式で表すと，式 (1.6) になる．

$$PO_4\text{–P (mg L}^{-1}) = C_{PO_4} \times \frac{A_P}{F_{PO_4}} = C_{PO_4} \times 0.326 \tag{1.6}$$

式中 C_{PO_4}：リン酸イオン濃度，A_P：リンの原子量 (30.97)，F_{PO_4}：リン酸イオンの式量 (94.96)．ちなみに，全リンの値は各種の環境汚濁の程度を表す基準値として使われており，たとえば全リンの濃度 0.03 mg L^{-1} 以上の湖沼やダム湖は富栄養，0.01 mg L^{-1} 以下のものは貧栄養と分類される．

E. 窒　　素

窒素（N）は P と並ぶ生体を構成する重要な元素であり，P と同様に分類される（図 1.4）．ただし，無機態窒素は硝酸（NO_3^-）および亜硝酸（NO_2^-），アンモニウム（NH_4^+）の各イオンとして，さらに微量ではあるがヒドロキシルアミン（NH_2OH）や一酸化二窒素（N_2O）も存在していることが知られており，リンとは違って NO_3^- または NH_4^+ の単一化学種をもって無機態窒素全体を表すことはできない．

N は環境中で，状況に応じて種々の形態に変化する（9.8.1 節）．したがって，厳密な議論をする場合には N の総量，全窒素（TN）とともに，各化学種がどのような割合で存在しているかを知ることが非常に重要になる．窒素量に重点をおいて議論する場合には，硝酸態窒素（NO_3–N），亜硝酸態窒素（NO_2–N），アンモニア態窒素（NH_4–N）という表現を使う．各イオン濃度を窒素濃度に変換するときは，リン酸態リン濃度を求める式 (1.6) と同様の求め方で変換する．

F. その他

上記の水質項目以外に重要な指標として，硫酸イオンなどの陰イオン類と色素（クロロフィル a など），**化学的酸素要求量**（chemical oxygen demand：COD），**生物化学的酸素要求量**（biochemical oxygen demand：BOD）などを挙げることができる．研究目的によって微量金属イオンが測定されることはもちろんである．水圏環境は，微生物的過程と物理・化学変化が複合している複雑系で，正確に実態を把握しようと思えば，できるだけ多くの測定項目について測定し，情報量を増やすに越したことはない．しかし，それを実行しようとすると大変な労力とマンパワー，高度な分析装置と分析技術が必要になる．限られた条件で正確な情報を得るには，どの測定項目について測定するか研究計画の立案が重要になる．たとえば COD と BOD は，大きな河川や湖沼については，所轄の地方自治体の衛生公害研究所が専門家によって分析

されたデータを発表している場合が多い．それらの信頼できるデータを活用することもひとつの方法である．リン酸イオンなどいくつかの化学的水質測定項目の測定方法と測定原理を付録として巻末にまとめてあるので，環境化学に関心のある学生は読んで理解しておいてほしい．

1.5 水質基準

人の健康と生活の安全を保護するという理念のもとに，環境省が「水質基準項目」，「水質汚濁に係る環境基準」と「地下水の水質汚濁に係る環境基準」を定めており，広く用いられている．1.4 節で解説した水質項目が，これらのうちの「生活環境の保全に関する環境基準」でどのように使われているか紹介する．

まず河川については，表 1.3 に示すように汚濁の程度に応じて AA，A，B，C，D，E の 6 段階に分類されている．これらの類型は，生物学上の水質区分でいうと AA と A は貧腐水性水域に，B と C は β–中腐水性水域，D と E は α–中腐水性水域にそれぞれ対応する（表 1.6 参照）．

湖沼については，COD などの評価項目によって AA，A，B，C の 4 つの類型に，全リンと全窒素によって I，II，III，IV，V の 5 つの類型に分類されている（表 1.4）．2 つの表に分かれ

表 1.3 河川に対する環境基準

項目類型	利用目的 [a) の適応性	基準値				
		pH	BOD $mg\,L^{-1}$	SS $mg\,L^{-1}$	DO $mg\,L^{-1}$	大腸菌群数 $MPN^{b)}\,100\,mL^{-1}$
AA	水道 1 級 自然環境保全および A 以下の欄に掲げるもの	6.5 以上 8.5 以下	1 以下	25 以下	7.5 以上	50 以下
A	水道 2 級 水産 1 級 水浴および B 以下の欄に掲げるもの		2 以下			1000 以下
B	水道 3 級 水産 2 級および C 以下の欄に掲げるもの		3 以下		5 以上	5000 以下
C	水産 3 級 工業用水 1 級および D 以下の欄に掲げるもの		5 以下	50 以下		—
D	工業用水 2 級 農業用水および E の欄に掲げるもの	6.0 以上 8.5 以下	8 以下	100 以下	2 以上	
E	工業用水 3 級 環境保全		10 以下	ごみなどの浮遊が認められないこと		

a) 利用目的の分類については表 1.5 参照.
b) MPN：most probable number（最確数）の略.

（環境省，水質汚濁に係る環境基準）より.

表 1.4 天然湖沼および貯水量 $10^7\,\mathrm{m}^3$ 以上の人工湖に対する環境基準

(ア)

項目類型	利用目的 [a] の適応性	基準値				
		pH	COD $\mathrm{mg\,L^{-1}}$	SS $\mathrm{mg\,L^{-1}}$	DO $\mathrm{mg\,L^{-1}}$	大腸菌群数 MPN [b] $100\,\mathrm{mL^{-1}}$
AA	水道 1 級 水産 1 級 自然環境保全および A 以下の欄に掲げるもの	6.5 以上 8.5 以下	1 以下	1 以下	7.5 以上	50 以下
A	水道 2, 3 級 水産 2 級 水浴および B 以下の欄に掲げるもの		3 以下	5 以下		1000 以下
B	水産 3 級 工業用水 1 級 農業用水および C の欄に掲げるもの		5 以下	15 以下	5 以上	
C	工業用水 2 級 環境保全	6.0 以上 8.5 以下	8 以下	ごみなどの浮遊が認められないこと	2 以上	

(イ)

項目類型	利用目的 [a] の適応性	基準値 (年間平均)	
		TN/$\mathrm{mg\,L^{-1}}$	TP/$\mathrm{mg\,L^{-1}}$
I	自然環境保全および II 以下の欄に掲げるもの	0.1 以下	0.005 以下
II	水道 1, 2, 3 級（特殊なものを除く） 水産 1 種 水浴および III 以下の欄に掲げるもの	0.2 以下	0.01 以下
III	水道 3 級（特殊なもの）および IV 以下の欄に掲げるもの	0.4 以下	0.03 以下
IV	水産 2 種および V の欄に掲げるもの	0.6 以下	0.05 以下
V	水産 3 種 工業用水 農業用水 環境保全	1 以下	0.1 以下

[a] 利用目的の分類については表 1.5 参照.
[b] MPN：most probable number（最確数の略）.　　　　　　（環境省，水質汚濁に係る環境基準）より.

ているのは，COD や BOD などの評価項目の濃度と全リンと全窒素の濃度とでは湖沼の生態系に及ぼす影響の程度が異なるためであり，汚濁の程度によって生物が受ける影響も異なるため利用目的の適用性も違っている．

　2 表の使い方について具体例を挙げると，琵琶湖は北湖・南湖ともに環境省によって AA 型-II 型に指定されているが，COD，全窒素，全リンの項目において AA 型と II 型の両水質基準を満たしていない（北湖の全リン値は基準を超えていない）．2002 年の時点で，琵琶湖に限らず残念ながら全国 13 の指定湖沼で水質基準を達成できていない（琵琶湖北湖と諏訪湖の全リン値の 2 件のみ基準値達成）のが実情である（総務省，2004）．

　次に，表 1.3 と表 1.4 中の利用目的欄中の用語について，表 1.5 にまとめて補足する．

表 1.5 河川水と湖沼水の利用目的別分類

等 級	河 川	湖 沼
自然環境保全	自然探勝などの環境保全	
水道 1 級	沪過などによる簡易な浄水操作を行うもの	
水道 2 級	沈殿沪過などによる通常の浄水操作を行うもの	
水道 3 級	前処理などを伴う高度の浄水操作を行うもの	
水産 1 級	ヤマメ,イワナなど貧腐水性水域の水産生物用並びに水産 2 級および水産 3 級の水産生物用	ヒメマスなど貧栄養湖型の水域の水産生物用並びに水産 2 級および水産 3 級の水産生物用
水産 2 級	サケ科魚類およびアユなど貧腐水性水域の水産生物用および水産 3 級の水産生物用	
水産 3 級	コイ,フナなど,β–中腐水性水域の水産生物用	コイ,フナなど富栄養湖型の水域の水産生物用
水産 1 種		サケ科魚類およびアユなどの水産生物用並びに水産 2 種および水産 3 種の水産生物用
水産 2 種		ワカサギなどの水産生物用および水産 3 種の水産生物用
水産 3 種		コイ,フナなどの水産生物用
工業用水 1 級	沈殿などによる通常の浄水操作を行うもの	
工業用水 2 級	薬品注入などによる高度の浄水操作を行うもの	
工業用水 3 級	特殊の浄水操作を行うもの	
環境保全	国民の日常生活 (沿岸の遊歩などを含む) において不快感を生じない限度	

(環境省,水質汚濁に係る環境基準) に基づいて作成.

水棲の動植物は当然のことながら水質の影響を受けやすく,水域の汚濁の程度によって生息している動植物の種類と数は変動する.結果として,生態学的な現象と上記の化学的水質データとの間にはかなりの相関が現れることになる.生態学的な傾向から水質は,貧腐水性,β–中腐水性,α–中腐水性,強腐水性の 4 階級に分類されており,この順に水質は悪化する.生態学的な水質分類と化学的水質項目の関連を表 1.6 にまとめて示す.

第1章 演習問題

問1 2010 年 8 月 7 日の新聞で,国内に生息するオオタカの肝臓から臭素系難燃剤の PBDE (ポリ臭化ジフェニルエーテル) が,脂肪 1 g あたり 48,000 ng 検出されたと報じられた.この値を質量パーセントで表現するといくらか.

問2 海水中 Na^+ の滞留時間は 6×10^7 年であるのに対して,Al^{3+} と Fe^{3+} はそれぞれ 200 年と 500 年である.Al^{3+} と Fe^{3+} 滞留時間が Na^+ のそれと大きく違う理由を説明せよ.

問3 琵琶湖の貯水量は 2.75×10^{10} m^3 で,瀬田川と疎水を合わせた年間の流出水量は 5.2×10^9 m^3 である.琵琶湖における水の滞留時間を求めよ.

14   第 1 章　陸水環境を理解するために

表 1.6　生物学的水質階級

	強腐水性水域	α–中腐水性水域	β–中腐水性水域	貧腐水性水域
化学的過程	還元および分解による腐敗現象が著しく起こる	水中および底泥に酸化過程があらわれる	酸化過程がさらに進行する	酸化ないし無機化の完成した段階
DO	全然ないか，あってもきわめてわずか	かなりある	かなり多い	多い
BOD	常にすこぶる高い	高い	かなり低くなる	低い
硫化水素（H_2S）の形成	たいてい認められる．強い硫化水素臭がある	強い硫化水素臭はなくなる	ない	ない
水中の有機物	炭酸および高分子窒素化合物，ことにタンパク質，ポリペプチド，およびその高次分解産物が豊富に存在	高分子化合物の分解によるアミノ酸が豊富に存在	脂肪酸のアンモニア化合物が多い	有機物は分解されてしまっている
底　泥	黒色の硫化鉄がしばしば存在，底泥は黒色	硫化鉄が酸化されて水酸化鉄になるために底泥はもはや黒色を呈しない		底泥がほとんど酸化されている
水中のバクテリア	大量に存在，ときには 1 mL につき 100 万以上もある	バクテリアの数はまだ多い．通常 1 mL あたり 10 万以下	バクテリア数減少 1 mL あたり 10 万以下	少ない，1 mL あたり 100 以下
生息生物の生態学的特徴	動物はほとんど例外なくバクテリア摂食者．pH の変化に強く，少量の酸素でも耐える嫌気性の生物．すべて腐敗毒，とくに H_2S および NH_3 に対し強い耐性をもつ	動物ではバクテリア摂食者がまだ優先的であるが，そのほかに肉食動物もふえてくる．すべて pH および O_2 の変化に対し高い適応性を示す．NH_3 に対してはたいていのものが抵抗性をもつが，H_2S に対してはかなり弱いものがある	pH の変動および O_2 の変動にすこぶる弱い．また腐敗毒に長時間耐えることができない	腐敗性汚濁に対して弱く，pH の変動，DO の変化に弱い．腐敗産物，ことに H_2S に耐えることができない
植物では	ケイ藻，緑藻，接合藻，および高等植物は出現しない	藻類が大量に発生；ラン藻，緑藻，接合藻，ケイ藻が出現	ケイ藻，緑藻，接合藻の多くの種類が出現．鼓藻類はここが主要な分布域	水中の藻類は少ない．ただし付着生藻類は多い
動物では	ミクロなものがおもで，原生動物が優勢	まだミクロなものが大多数を占める	多種多様になる	多種多様
とくに原生動物では	アメーバ類，鞭毛虫類，繊毛虫類が出現．太陽虫類，双鞭毛虫類，吸管虫類は出現しない	太陽虫，吸管虫類がぽつぽつ現れる．双鞭毛虫はまだ出ない	太陽虫，吸管虫類の汚濁に弱い種類が出現．双鞭毛虫類も出現	鞭毛虫，繊毛虫類は少数現れるのみ
微生物では	輪虫，蠕形動物，昆虫幼虫が少数出現することがある程度．ヒドラ，淡水海綿，蘚苔動物，小型甲殻類，貝類，魚類は生息しない	淡水海綿および蘚苔動物はまだ出現しない．貝類，甲殻類，昆虫が出現魚類のうち，コイ，フナ，ナマズなどはここにも生息する	淡水海綿，蘚苔動物，ヒドラ，貝類，小型甲殻類，昆虫の多くの種類が出現．両生類および魚類も多くの種類が出現	昆虫，幼虫の種類が多い．各種の動物が出現

（日本分析化学会北海道支部 編，2002）より．

問4 なぜ河川の水質基準はBOD値で規制されて，湖沼はCOD値で規制されているのか，調べてみよう．

問5 アデノシン二リン酸（adenosine diphosphate：ADP）の化学式を書け．

第1章 文　献

Forbes, S. A. (1887), *Bull. Sci. Assoc., Peoria, Illinois*, 77–87.

藤永太一郎 監，宗林由樹，一色健司 編 (2005)『海と湖の化学』，p.9，京都大学学術出版会.

環境省，水質汚濁に係る環境基準，http://www.env.go.jp/kijun/mizu.html

環境省，水質汚濁に係る環境基準別表2，http://www.env.go.jp/kijun/wt2-1-1.html

榧根 勇 (1980)『水文学』，p.43，大明堂.

Lindeman, R. L. (1942) *Ecology*, **23**, 399–418.

日本分析化学会北海道支部 編 (2002)『水の分析』，pp.23–24，化学同人.

日本水道協会 (2001)『上水試験方法　解説編』.

総務省 (2004) 湖沼の水環境の保全に関する政策評価，p.57. http://www.soumu.go.jp/menu_news/s-news/daijinkanbou/040803_3_h.pdf

Sugiyama, Y., *et al.* (2004) *Limnology*, **5**, 165–176.

和田英太郎 (2002)『地球生態学（環境学入門3)』，岩波書店，171pp.

第2章

地球の歴史と構成

2.1 はじめに

　地球は**岩石圏** (lithosphere)，**大気圏** (atmosphere)，**水圏** (hydrosphere) と**生物圏** (biosphere) が一体化した1つの有機的な複雑系であるが（図1.1参照），現在は統一して理論的に解析されておらず，個別に研究が進められている．すなわち大気圏については地球物理学者，岩石圏は地質学者，生物圏は生物学者，水圏は化学者が中心になって研究に取り組んでいる．本章では，これら地球環境の4つの要素について，ごく大雑把に解説する．

2.2 岩石圏

　よく知られているとおり地球は45億年ほど前に誕生し，図2.1に示すような長い歴史を経て現在の地球環境ができ上がった．われわれ生物が生存しているのは地球のごく表面の部分にすぎないが，生物をはじめ陸上に存在する物質はプレートとよばれる14，15枚の岩盤上に乗っていてゆっくりと移動している．プレートは別のプレートの下に潜り込むが，それによって地表の物質は地表から除去される．沈み込んだプレートはマントルとして移動して別の場所からふたたび地表に湧き出しており，数億年のタイムスケールで循環している．表2.1の炭素の分布を見ると明らかなように，地球上の炭素（C）の大部分は岩石圏中に炭酸塩（MCO_3）などのかたちで貯留されている．この岩石圏中に炭酸塩として存在している炭素は，地球誕生時には大気圏に二酸化炭素（CO_2）として存在していたのであるが，プレート運動によって地表から除去されたことによって，現在の地球の気候ができ上がった．

　原始地球は周辺にあった隕石を引き集めて成長したが，その衝突エネルギーで地球表面は高温になり岩石は溶融していた（マグマオーシャン）．地球が冷える過程で，密度の大きな成分は内部に沈降していき，そのとき成分の分別と階層化が起こり，現在の構造ができ上がった（図2.2）．密度の違いによって内側から内核，外核，下部マントル，上部マントル，地殻に分けられている．地殻の厚みは陸地で30〜40 km，海底で6〜10 km程度であり，地球全体でみればごく薄い．しかし，現在の技術力では10 km程度の掘削しかできず，岩石圏の調査研究につい

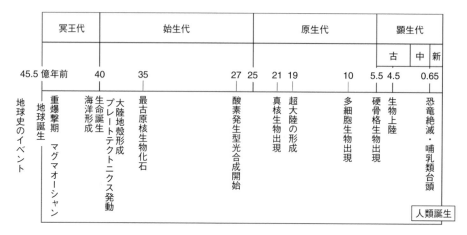

図 2.1 地球歴史年表
（丸山，磯崎，1998）に一部加筆．

表 2.1 地球上の炭素分布

リザーバー		存在形態	存在量/GtC[a]
大気圏		主として CO_2	750
水　圏	海洋表層	溶存無機炭素	1020
	海洋深層	溶存無機炭素	38,100
生物圏	地　表	植　物	610
	土壌中		1580
岩石圏		炭酸塩	20,000,000
		石油，ケロジェンなど有機態炭素	12,000

[a] 1 Gt = 10^9 t. （環境省, 2014）より．

ていえば地殻のごく表面しか直接探査できないのが現状である．地表から深度 30〜40 km あたりで地震波の速度が変わるモホロビチッチ（Mohorovicic）不連続面（モホ面）とよばれる層がある．これを境に岩石の密度が異なると考えられており，ここより下をマントルという．地球は，中心に固体金属でできた内核，次に液体の金属からなる外核，下部マントル，上部マントル，地殻というように組成の異なるいくつかの層が成層して構成されている．上記の理由によって地球全体の化学組成は今のところ不明であるが，地殻の平均組成については表 2.2 のデータが定説になっている．酸素の割合が一番高いのは，岩石がケイ素（Si）にアルミニウム（Al），鉄（Fe），マグネシウム（Mg）などの酸化物が種々の割合で化学結合してできたケイ酸塩鉱物が主成分になっているためである．

ところで，岩石圏が地球環境に影響している大きなはたらきに，化学的風化がある．風化とは風雪，降水，日照などで岩石が物理的に破砕する過程をいうが，降水中に溶解した CO_2 による岩石の溶解と変質を物理的風化に対して，化学的風化という．花崗岩と石灰岩の化学的風化は以下の式で表される．

花崗岩：$2\,NaAlSi_3O_8 + 2\,CO_2 + 3\,H_2O \longrightarrow$
$$Al_2Si_2O_5(OH)_4 + 2\,Na^+ + 2\,HCO_3^- + 4\,SiO_2$$

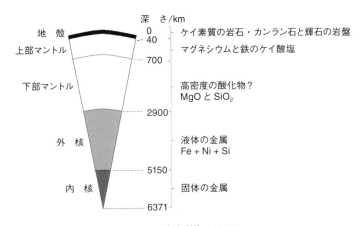

図 2.2 地球断片のモデル
（Andrews et al., 渡辺 訳, 2012）に一部加筆.

表 2.2 地殻の化学組成

元素	存在度（重量%）	元素	存在度（重量%）	元素	存在度（重量%）
O	46.6	Fe	5.00	K	2.59
Si	27.7	Ca	3.63	Mg	2.09
Al	8.13	Na	2.83		

（日本化学会, 2002）より一部抜粋.

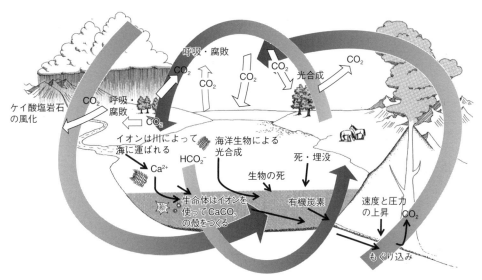

図 2.3 二酸化炭素の循環
（阿部ほか, 1991）に一部加筆.

石灰岩：$CaCO_3 + CO_2 + H_2O \longrightarrow Ca^{2+} + 2\,HCO_3^-$

反応式から明らかなように，CO_2 は炭酸水素イオン（HCO_3^-）として大気中から河川水や地下水に移行している．生成した HCO_3^- は湖沼や海洋に供給されてケイ藻やサンゴなどに利

20   第2章　地球の歴史と構成

用されるかたちで固定される．このように岩石の化学的風化は，大気圏中の CO_2 を水圏に除去する駆動力になっており，この機構は約40億年前に大陸が生成したのち現在に至るまで稼働している（図2.3）．

2.3　大気圏と水圏

大気圏は地表に近いところから高度に応じて順に，対流圏，成層圏，中間圏，熱圏に分類されている．大気圏と水圏は互いに影響し合っており，密接に関連している．大気は地球環境の安定維持に大きく関わっているが，その効果の大部分は水圏との相互作用によるものである．それでは，地球環境における大気の役割を挙げてみよう．

① 温室効果　地球の受け取る太陽からの放射エネルギーと地球が放射するエネルギーのバランスで地球の気温が決まるとする放射モデルの計算では，地球の平均気温は -20℃ になるのに対して，実際の平均気温は 15℃ であり，この 35℃ の差が大気の温室効果によるものである．いうまでもなく，地球の平均気温が 0℃ 以上であるので液体状態の水が存在できたことが，生命の発生につながっている．

② 気流による熱拡散・熱伝導効果　単位面積あたりに地表が受け取る太陽からの放射エネルギー量から考えると，極地方と赤道とでは，計算上両者の温度差は 100℃ 程度になるはずのところが，現実には 40℃ くらいの差しかない．これは，赤道付近で受け取った放射エネルギーを大気の対流によって高緯度へ速やかに伝導・拡散できているからである．周囲の熱エネルギーを吸収して赤道付近で発生した台風が，1週間程度で高緯度の北海道に至ることを思えば，その効果の大きさがわかる．

③ 反応物質のリザーバー　大気は，生態系を維持するのに重要な N_2，O_2，CO_2，H_2O などの反応物質を貯留しているリザーバーとしてはたらき，水圏と生物圏，岩石圏との間で供給と受容の相互作用をしている．

④ 反応場　太陽からの紫外線によって O_2 からオゾン（O_3）を生成したり，雷放電によって二酸化窒素（NO_2）を生成するなど，いくつかの重要な化学反応の媒体として作用している．

表2.3に地球型惑星の大気組成をまとめて示す．水星，金星，地球，火星は岩石で構成される地球型惑星とよばれており，同じようなプロセスを経て生成したと考えられている．しかしながら，水星についてはよくわかっておらず，火星と金星の大気組成は CO_2 がともに 95% 以上と似ているが，地球は異なっている．地球に存在する炭素が地球誕生当時 CO_2 として大気中に存在していたとすると，計算上 CO_2 の分圧は 60 atm ほどになり（H_2O の分圧は 200 atm ほどになる），金星と火星の大気組成と似た割合になる．それでは，なぜ地球の CO_2 濃度だけが低下したのか？　大気中から CO_2 が除去されたのには3つのプロセスが関与している．まず，大気中の H_2O が液化して地表が水で覆われたときに水への溶解が起こった．2番目は，海水に溶解した CO_2 が Ca^{2+} と反応して炭酸カルシウム（$CaCO_3$）を生成し，沈降して岩石圏に移行した．3つ目はシアノバクテリア（ラン藻類）による光合成反応の始まりである．シアノバクテリアが関係して生成されたとするストロマトライトとよばれる岩石が約25億年前の古い地層から見つかっており，光合成反応はそれより以前に始まっていたと考えられる．

表 **2.3** 惑星の大気

	水　星	金　星	地　球	火　星
質　量/10^{23} kg	3.29	48.7	59.8	6.43
表面気圧/hPa	$< 10^{-2}$	92.1×10^3	1013	5.6
表面温度/℃	290	460	17	-60
大気組成（%）		CO_2 (96.4)	N_2 (78.1)	CO_2 (95.32)
		N_2 (3.41)	O_2 (20.9)	N_2 (2.7)
		H_2O (20 ppm)	^{40}Ar (0.93)	^{40}Ar (1.6)
		SO_2 (150 ppm)	CO_2 (380 ppm)	O_2 (0.13)
		O_2 (70 ppm)	O_3 (0.5 ppm)	CO (0.07)
		^{40}Ar (20 ppm)	H_2O (0.1〜1)	H_2O (0.03)

（森山 茂，1981）に一部加筆.

2.4　生　物　圏

　生物が関与する環境中の物質移動や物質変換過程を含むシステムをさす（図 1.1）．水圏環境全体としては，光合成反応に代表されるように，多くの物質変換過程は純粋な化学反応よりも，バクテリアなどの生物が重要な役割を果たしている場合が多い．環境化学の専門用語の多くが生物学の分野から導入されていることが，その重要性を示している．本書ではそのことをよく理解したうえで，化学平衡論による解析を中心に説明する．

第2章　演習問題

問 1 以下の専門用語を和訳し，意味を説明せよ.

(a) autotrophic organism

(b) decomposer

(c) epilimnion

(d) eutrophication

(e) heterotrophic organism

(f) hypolimnion

(g) stratification

(h) thermocline

問 2 地球のごく初期には 60 気圧ほどあった CO_2 が現在の大気中濃度まで低下するに至った機構 3 つについて，化学反応式を使って説明せよ.

問 3 以下の文の空欄に適当な言葉を入れよ.

　石炭紀から二畳紀にかけて 1 億年近くも氷河期が続いたのは，陸上で繁茂したシダ植物が行った光合成によって大気中の（A）濃度が下がったことによる．これはこの時期，植物の（B）を分解できるバクテリアがまだ存在していなかったために，枯死した植物が分解されず，（C）が大気に還元されなかったためである．そのために，大気中の（D）濃度は現在の 1.5 倍以上になった．分解されずに枯死した樹木が埋積したものが石炭などの化石燃料になっている.

問 4 約 27 億年前に海水中で酸素発生型光合成植物が発生して O_2 を放出し始めたが，大気中の O_2 濃度が上昇し始めるのは約 24 億年前からで，約 3 億年のタイムラグがある．この間に放出された O_2 は何に消費され，その結果何が生成したか簡単に説明せよ．

第2章 文　献

阿部史朗ほか（1991）『最新科学論シリーズ 11 最新地球環境論』，p.56，学習研究社.
Andrews, J. E., *et al.*, 渡辺 正 訳（2012）『地球環境化学入門』，p.5，丸善出版.
環境省（2014）IPCC 第 5 次評価報告書の概要—第 1 作業部会（自然科学的根拠）—：
　https://www.env.go.jp/earth/ipcc/5th/pdf/ar5_wg1_overview_presentation.pdf.
丸山茂徳，磯崎行雄（1998）『生命と地球の歴史』，p.iv，岩波書店.
森山 茂（1981）『大気の歴史』，p.105，東京堂出版.
日本化学会 編（2002）『化学便覧 基礎編 改訂 4 版』，p.I–51，丸善出版.

第3章

水分子と陸水環境

3.1 はじめに

　地球は水の惑星とよばれるように，水の存在によって特徴づけられる惑星である．地球の表面の約7割を海水が覆い，陸地は残りの約3割しかない．地球の固体表面を球状に平らにならし，その球の全面に均等に海水を置くと，その深さは2,700mに達すると見積もられる．また，海水・塩水以外に淡水が陸地に存在し，氷河，地下水，河川水，湖沼水，汽水といった陸水として海洋へと流れ下る．さらに大気中には，水蒸気，雲，雨の形態をとりながら浮遊している．このように水はさまざまにかたちを変えながら地球上を循環している（図1.2参照）．水に恵まれた惑星である地球の環境は，その水によって大きく影響を受けている．水の物理的，化学的，生物学的な側面からの影響により，現在の地球環境が形成されているといってよい．

　水は地球上の常温・常圧の条件下で液体として存在する．しかし，気象条件などの環境要因により，固体の氷，気体の水蒸気に容易に変化することができる．このため，固体・液体・気体の物質の三態が地球の表面上で共存しうる．このように，地球表面に水が液体状態で存在し，それが気体や固体にも変化することができる精妙な環境を保っている点が，地球環境の特徴である．水の状態変化に伴って熱の吸収や放出が生じるが，こうした現象が，穏やかな地球環境を保つ要因ともなっている．また，液体の水は良い溶媒として，多くの物質を溶かし込むことができる．海水の高い塩分濃度は，海が形成されてから地質学的に長い年代を経て岩石成分を溶かし，取り込んだ結果と考えられる．一方，陸水は水蒸気が凝結した雨が地表に降り注いだ水で，大気中や地表の成分を溶かし込みながら流れ下ることで，陸上の物質を海へと運ぶ．水は地球上の物質循環の媒体としての役割を担っている．

　生物に目を向けると，水と生命は密接な関わりをもっている．生命の誕生に水が必須とされ，生物の機能維持にも水は不可欠である．液体である水は，生命維持に必要な栄養を取り込んで体内に運ぶほか，体組織の形成にも必要とされる．また水は，生物に生息環境を与えるとともに，陸上生物も含めた生物の生息環境を整えることで，生態系の維持に関わる重要な環境要因でもある．

水は地球上で最もありふれた液体である．それゆえ，水を液体の代表としてとらえがちである．しかし，水がもつ液体としての化学的性質は，液体の標準的な性質からは大きく外れている．このことは，水の特異性として知られている．この水の異常さが，生命を育む地球環境を成り立たせるうえで，重要な役割を演じている．以下に，水の異常さが，とくに陸水において，どのように環境と関わるのかについてみていく．

3.2　水の物理的性質

3.2.1　水の熱的性質

液体が蒸発する際には，周りから蒸発熱が奪われる．液体分子が気体になる際には，液体分子間の引力に逆らって液体表面から飛び出すのに大きなエネルギーを必要とする．蒸発熱はそのエネルギーとして費やされる．液体分子1 molが定圧，沸点のもとで液体から気体にすべて変化する際に必要なエネルギーが蒸発熱である（図3.1）．蒸発熱は気体–液体間での相変化に伴う熱の出入りである．この相変化の間，物質の温度は沸点に保たれる．物質と周囲との間で熱の出入りがあっても，温度は変化しないので，潜熱とよばれる．氷が水に変化する際にも周囲から融解熱が奪われる．氷の結晶を構成する水分子どうしを結びつけている水素結合を切るためのエネルギーが必要だからである．融解熱も潜熱で，氷がすべて水に変わる間，温度は0℃に保たれる（図3.1）．

水の異常さのひとつとして，分子量18の低分子量化合物でありながら，融点が0℃，沸点が100℃と非常に高い点が挙げられる．分子量16のメタンの融点 $-182.6℃$，沸点 $-161.5℃$ と比較すると，その違いは明らかである．また，融解熱と蒸発熱も他の低分子量化合物に比べ大きな値をもつ．メタンの融解熱と蒸発熱はそれぞれ $0.94\,\mathrm{kJ\,mol^{-1}}$ と $8.2\,\mathrm{kJ\,mol^{-1}}$ であるのに対し，水のそれらは $6.01\,\mathrm{kJ\,mol^{-1}}$ と $40.7\,\mathrm{kJ\,mol^{-1}}$ と5～6倍も大きい．とくに水の蒸発熱は物質中で最大の値である．これらの異常さの原因は水分子どうしを結び付けている水素結合にあり，水素結合は分子間の結合としては例外的に高い結合エネルギーをもつためである．液体の水の温

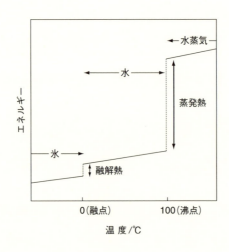

図3.1　水の三態と潜熱
（大城ほか，1999）より．

度変化に必要なエネルギーである熱容量も他の液体に比べて例外的に高く，$75.2\,\mathrm{J\,K^{-1}\,mol^{-1}}$の値をもつ．

このような水の熱的諸性質の異常さは，生命にとって有益な穏やかな環境を保つうえで有利にはたらいている．たとえば，融解熱が非常に大きいことで，0℃付近での水温の急激な変化を防いでいる．また，大きな蒸発熱は，大気中への水と熱の損失を減少させる役割を担っている．さらに例外的に大きな熱容量は，昼夜や季節変化による水温の温度変化をゆっくりとし，水環境とその周辺における急激な環境変化を防ぐ．あわせて，水の大きな熱容量は気候に影響を与え，寒暖差による気候の変化を穏やかなものにする．また，海流によって地球表面全体に熱を運ぶことで全球的な熱循環に影響を与えている．

3.2.2　水の光透過性

水は可視光を透過する．このため，水中に光を散乱あるいは吸収する物質がなければ，透視性は高い．**懸濁物質**（suspended substance：SS）が少ない外洋では約 200 m の深さまで光が届く．光合成に必要な可視光は水中を透過するため，植物プランクトンや水中植物は水中の栄養塩を吸収し，光合成反応によって有機物を生産して生存することができる．一方，水は紫外線や赤外線を吸収する性質をもつ．紫外線を吸収する性質は，生命の発生と進化に大きく関わる．オゾン層の形成により有害な紫外線が地表面に降り注ぐことが妨げられる以前は，紫外線の届かない水中でのみ生物の生存が可能であったと考えられる．

水の光透過性は，溶存物質の色や粘土粒子のような水に溶けない SS によって生じる濁りにより低下する．濁りは光を散乱し，透視性を低下させる大きな要因である．水の濁りの原因は，地表の粘土性物質，有機性物質，プランクトン，微生物，種々の廃水成分などからなる SS である．SS 量は，単位体積の水に含まれる，孔径が 0.45 µm または 0.2 µm のメンブレンフィルターにより沪別された物質の質量として求められる．濁りは，水の汚れを知る目安ともなる．水の濁りは，微生物，プランクトン，魚類などへ影響を及ぼすほか，各種の用水として使用する際の障害となる．

光透過性が低下する現象を定量的に評価する指標として，透明度（1.4.2.H 項）がよく用いられる．その他，透視度計の底部に置かれた標識板の二重十字が視認できなくなる水柱の高さ（cm）により決定される透明度も環境教育に利用されている．

散乱による光の減衰の傾向は，吸収によるそれと類似するので，光の吸収に関する法則であるランベルト・ベール（Lambert-Beer）の法則を適用して，濁度（1.4.2.C 項）を求めることができる．吸収による光の減衰は以下のように法則化される．

まず，吸光物質を含む溶液に対する吸光度を，次のように定義する．光の波長が一定の単色光を溶液に通過させるとき，溶液にその波長の光を吸収する吸光物質が溶けていると，溶液を通過して出てきた透過光の強さ I は，通過する前の入射光の強さ I_0 よりも小さくなる．I は光が進むにつれて減衰していき，その強度は，光が通過した長さ l が長くなるほど，また，溶液中の吸光物質の濃度 c が高いほど，指数関数的に急激に小さくなる．これを数式で表現すると次式となる．

$$I = I_0 \, \mathrm{e}^{-acl} \tag{3.1}$$

ここで a は，吸光物質の種類などの条件により決まる係数である．上式を変形して常用対数をとると次式となる．

$$A = -\log T = -\log \frac{I}{I_0} = \varepsilon cl \tag{3.2}$$

ここで A は吸光度（absorbance），T は透過度（transmittance），ε はモル吸光係数（L mol^{-1} cm^{-1}），c はモル濃度（mol L^{-1}），および，l は光が通過した長さ（cm）である．透過度 T は入射光の強さ I_0 に対する透過した光の強さ I の割合を表し，T が小さいほど光が減衰したことを表す．その対数に負号をつけた値が吸光度 A で，光が吸収され減衰した度合いを表す．T とは逆に，A が大きいほど光が減衰したことを表す．ε は吸光物質の種類に依存する値で，ε が大きいほど光の減衰の傾向が強くなる．A は光が通過した長さ l と吸光物質の濃度 c に正比例する．長さ l との比例関係をランベルト（Lambert）の法則，濃度 c との比例関係をベール（Beer）の法則といい，2 つの法則を合わせた上式の比例関係をランベルト・ベールの法則とよぶ．

　この比例関係を，濁りにより光が散乱される現象に当てはめることで，濁度を求めることができる．光散乱の度合いにより，どの程度光の透過が妨げられるかを，濁りのある水の吸光度を測定することで決定する（日本分析化学会北海道支部 編，2005）（1.4.2.C 項参照）．

　濁りのある水に対してランベルト・ベールの法則を当てはめると，水深が深くなるほど，また，濁りの度合いが強いほど，太陽光が水中に届きにくくなり，水中に届く光の強さは指数関数的に急激に小さくなることを示している．条件によっては，光のない暗闇の水層が底部に生じることになる．こうした水層は**無光層**（aphotic layer）とよばれる．これに対し，湖沼や海において，太陽光が水中に届く深さまでの層が**有光層**（euphotic layer）で，光が届く深さは，水中の懸濁物質の種類，濃度に依存する濁度に影響される．

　水域内の植物プランクトンなどの光合成による一次生産（primary production）で有機物が生産される（9.7 節参照）．一方で，同じ水域内の微生物，動物プランクトン，夜間の植物プランクトンの呼吸に伴い有機物が消費される．光が十分に届く水深の浅い層では光合成が盛んで，光合成による有機物の生産が呼吸による有機物の消費より大きくなる．一方，光が十分に届かない深い水深の層では光合成が十分に行われず有機物の生産が落ちるので，逆に呼吸による有機物の消費のほうが勝る結果となる．その中間の適度な深度においては，光合成による有機物の生産と呼吸による有機物の消費が釣り合う．この水深のことを**補償深度**（compensation depth）とよぶ．補償深度より浅い水層を有光層とよぶこともある．

　ちなみに透明度の世界記録は，1931 年に北海道水産試験所が摩周湖で測定した 41.6 m である．近年摩周湖の透明度は 28 m で，相変わらず日本で一番透明度が高い．現在，世界で最も透明度が高いのはバイカル湖で，条件によって 40 m を超えるときがある．

3.3 水の化学的性質

3.3.1 水分子の特徴

水を構成する分子は H_2O で，水素と酸素からなる，分子量 18 の低分子量の化合物である．水の異常さを示す原因を分子のレベルで考えてみると，水分子が極性をもち，互いに水素結合という比較的強い分子どうしの引力で結びつき合っていることに原因を探ることができる．水分子は，酸素原子と水素原子が H–O–H の形で結合している（図 3.2）．この H–O–H のつながりは O を中心に約 105° の角度で「く」の字に曲がっている．O 原子は H 原子に比べて電気陰性度が大きいので，H–O の結合に寄与している電子は O 原子側に引き寄せられ，O 原子はわずかに負の，H 原子は正の電気を帯びている．よって水分子は，分子内で ＋ と － の電気的な極をもった極性分子である．その極性の大きさは，極の電荷 q と極間の距離 r の積で決まる電気双極子モーメント μ によって示される．

$$\mu = q \times r \quad (3.3)$$

水分子は，この μ が大きな極性分子である．隣り合った水分子は，電気双極子の異符号の電荷間で静電引力が生じるので，互いに引きつけ合う傾向をもつ．また，O 原子の最外殻電子の共有結合に関わらない 1 つの電子対（非共有電子対）が H 原子に供与されて生じる相互作用も考慮される．こうした比較的強い分子間の引力が**水素結合**（hydrogen bond）である．水素結合は，水素原子 H を中心において，酸素，フッ素，窒素原子など電気陰性度の大きな原子がその両隣に直線的に配置されたときに最も強くなる．この結果，水分子の場合，隣り合った水分子の O 原子が水素原子 H を中心において水素結合を介して結び付けられることとなる（図 3.3）．1 つの水分子は最大で 4 個の水素結合を形成することができるので，水素結合を介して 4 個の水分子が 1 つの水分子のまわりに集まることになる．この水素結合は，共有結合やイオン結合に比べると非常に弱い結合だが，一般的な分子間の相互作用であるファンデルワールス（van

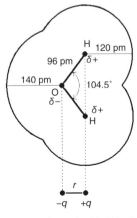

図 3.2 水分子と電気双極子

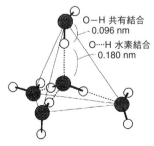

図 3.3 水素結合と氷の構造
（田嶋ほか，2011）より．

der Waals）力に比べるとかなり大きな相互作用となる．このため，水分子どうしは比較的大きな分子間力で，他の分子性化合物に比べ強く結びつき合っている．この強い分子間の相互作用が，水の異常さの最も大きな原因となっている．また，1個の水分子のまわりには，水素結合を介して4分子程度の水分子しか存在しないことから，水分子の集合体である水は，分子間の隙間が大きい構造をとることになる．金属原子の集合体である金属の場合，まわりに存在する原子の数が最大で12であることを考えると，原子，分子の詰まり方の疎密は水分子のほうが明らかに疎である．この水の隙間の大きい構造も，水が異常さを示す要因のひとつになっている．

3.3.2 液体の水の特徴

水は液体としてだけでなく，ほかに氷と水蒸気という形態もとり，物質の三態である固体，液体，気体の三状態を地球上で普段日常的に目にすることができるまれな物質である．水が三態に変化する条件は，水の状態図（図3.4）から見てとることができる．

大気と接した水は，一部は蒸発して大気中に飛散する．また，大気中の水蒸気の一部は凝縮して元の液体の水に戻る．水の表面では，これらの現象が常に相互に生じている．液体から気体に変化しようとする傾向の強さは蒸気圧として示される．蒸気圧は，液体の種類と温度によって決まる．水の状態図中の水（液体）と水蒸気（気体）の境界線が蒸気圧曲線で，温度に対する蒸気圧の変化を表している．水の状態図に示されるように，蒸気圧は温度の上昇につれて上昇する．蒸気圧が大気圧（1 atm）に達するまで温度が上昇すると，凝縮の速さが蒸発の速さに追いつかなくなるので，液体はどんどん蒸発し続け，沸騰することとなる．この液体の蒸気圧が大気圧の1 atmに等しくなる温度が沸点（図3.4の点B）で，水の場合は100℃である．

水の状態図中の水（液体）と氷（固体）の境界線は融解曲線である．融解曲線は，水と氷が共存する固液平衡が成立する温度と圧力を示す．融解曲線が大気圧の1 atmと交わるときの温度が融点で，水の融点は0℃である（図3.4の点C）．通常，融解曲線の傾きは正の傾きをもつ．その理由は，物質にかかる圧力が高くなると物質を構成する原子や分子がより密に接近し合うことになるため，原子や分子の運動がより制限されるとともに，原子間または分子間の結びつ

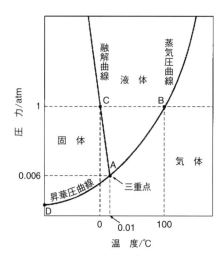

図3.4 水の状態図
（大城ほか，1999）より．

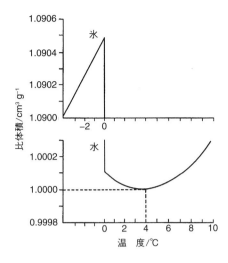

図 3.5 水と氷の比体積の温度変化
比体積：密度の逆数．(鈴木，2000) より．

きがより強まることで，液体から固体へと変化するためである．このように物質は圧力の上昇に伴い液体から固体へと凝固するため，融解曲線の傾きは正の傾きをもつのが普通である．それに反して水の場合は，融解曲線の傾きは負で，圧力の上昇により固体から液体へと融解する．これは水の構造性に由来する．固体中の1個の水分子のまわりには水に特徴的な水素結合により，4分子が結合して存在する．このため，固体の水分子の配位数は4となる．液体の水では，水分子のまわりの隙間に並進運動してきた隣の水分子が入り込むため，配位数は4よりも少し大きくなる．固体の水に強い圧力がかかると，水分子のまわりの隙間に隣の水分子が入り込もうとする傾向が強まり，配位数4の固体の結晶構造が崩れて配位数がより大きい液体の状態へと変化する．この理由で，圧力の上昇により固体から液体へと融解する，通常とは逆の変化が生じるのである．

液体の水の密度は約 $10^3 \, \mathrm{kg \, m^{-3}}$，すなわち，$1 \, \mathrm{cm^3}$ で約 $1 \, \mathrm{g}$ である．通常の物質の液体と固体の密度は，温度の上昇とともに単純に低下していく傾向がある．この現象の理由は，熱膨張による体積の増加で説明することができる．例外は水の密度の温度変化である．水の密度は，気体＜液体＜固体の順で大きくなる通常の物質とは異なり，気体＜固体＜液体と，液体と固体とで順序が逆転する．このため，固体の氷が液体の水に浮くという現象が見られることになる．また，液体の水は，融点の 0℃ ではなく 3.98℃ で密度が最大となる（図 3.5）．この現象は単純な熱膨張だけでは説明することはできず，あわせて水分子の集合状態での構造性を考慮する必要がある．これは特殊な例であり，水の異常さのひとつである．この特徴のお陰で，4℃ の水が湖の底の方に沈むことになり，底まで凍ることを防ぐことになる．また同時に，水面を氷が覆うことで，下層の水を低温の大気から断熱する役割を担う．このような現象が，水棲生物が厳冬期でも生きていけることの理由になっている．

水分子はその構成要素である水素原子の原子核（原子量1の水素原子では陽子）を他の水分子との間でやり取りし，次の化学反応式のように電離する．

$$H_2O + H_2O \rightleftharpoons H_3O^+ + OH^- \tag{3.4}$$

30   第3章　水分子と陸水環境

これを水の解離とよぶ．H_3O^+ はオキソニウムイオンとよばれ，H^+ と省略して記述される場合が多い．この場合，水の解離反応は次式のように表される．

$$H_2O \rightleftharpoons H^+ + OH^- \tag{3.5}$$

　解離する水分子は約5億個に1個であり，非常に低い割合でしか解離しない．

　液体を構成する分子がイオンに解離する解離性の液体（水など）の場合，解離によって生じたイオンが電気を運ぶ役割を担うので，こうした液体は電気を通す性質，すなわち電気伝導性をもつ．また，その大きさを導電率あるいは電気伝導率とよぶ（1.4.2.D 項参照）．

　液体の水分子は約5億個に1個の割合で解離するので，液体状態の純粋な水は非常に小さな電気伝導性をもつ．その導電率の値は，25℃において 5.5×10^{-6} $S\,m^{-1}$ である．純水の導電率は温度の上昇とともに増加し，半導体と同じ傾向を示す．

　一方，水を溶媒としてみたときには，食塩などの電解質をよく溶かす性質をもつのが特徴である．エタノールなど常温で液体である他の溶媒が有機化合物を溶かし，電解質を溶かしにくい点とは対照的である．

　食塩水と砂糖水の大きな違いは電気を通す性質の違いにある．食塩水は電気を通すが，砂糖水は通しにくい．食塩水では，塩化ナトリウム（NaCl）が水中で電離してナトリウムイオン（Na^+）と塩化物イオン（Cl^-）といった電気を帯びたイオンとなり，これらが電気を運ぶ担い手となる．一方，砂糖水では，砂糖中のスクロース（$C_{12}H_{22}O_{11}$）は，電気的に中性な分子のかたちで水に溶けている．この分子はイオンのように電気を帯びていないので電気を運ぶことができない．食塩のように水中で電離してイオンを生じる物質を電解質とよび，それが溶けた溶液を電解質溶液という．一方，砂糖のように水中で分子のかたちで溶ける物質を非電解質とよび，その溶液を非電解質溶液という．溶液が電解質溶液であるか非電解質溶液であるかは，電気の通しやすさである導電率を測って調べることができる．純水は電解質を溶かしやすい性質をもつので，水は通常その中に多くのイオンを含む．水中に溶け込んだイオンは電荷をもつので，水中でのイオンの移動により電気が流れることになる．こうした電解質（イオン）を含む水溶液は，純水の場合に比べかなり大きな導電性（電気伝導性）を示す．その大きさは，イオンの電荷や濃度と関係し，電荷や濃度が大きいほど，電気伝導性も大きくなる．実際，導電率を測ることによって，水中に含まれるイオンの総量を知る手掛かりとしている．

　導電率 κ と溶解性蒸発残留物（dissolved solid：DS）の間には，次式の関係が成り立つことが知られている．

$$DS\,(mg\,dm^{-3}) = K\,(kg\,m^{-2}\,S^{-1}) \times \kappa\,(mS\,m^{-1}) \tag{3.6}$$

ここで，K は係数で，日本の温泉水で4.5～8.5の値をとる（本島ほか，1973）．また，米国の汚染されない一般の天然水の場合では5.5～7.5である（半谷，1975）．

　河川，地下水，湖沼，塩湖などの陸水中にも，Na^+ や Cl^- などの多くのイオンが含まれている（表3.1）．海水中には塩分などの多くの電解質が含まれるので，導電率（電気伝導性）は高く，淡水である陸水ではそれに比べて低くなる．海水で $4\,S\,m^{-1}$，河川水で $0.005～0.04\,S\,m^{-1}$

表 3.1 典型的な淡水の組成

$pX^{a)}$	河　川	地下水	湖　沼	塩　湖
pH	$6.6 \sim 8.0$	$7.0 \sim 8.0$	7.7	9.6
pNa	$4.0 \sim 4.6$	$2.6 \sim 3.5$	3.4	0.0
pK	$4.7 \sim 5.1$	$3.7 \sim 4.5$	4.3	1.7
pCa	$3.1 \sim 4.3$	$2.5 \sim 3.5$	3.0	4.5
pMg	$4.0 \sim 5.1$	$2.5 \sim 3.8$	3.4	4.6
pH_4SiO_4	$3.8 \sim 4.2$	$3.0 \sim 3.9$	4.7	2.8
$pHCO_3$	$2.9 \sim 4.0$	$2.1 \sim 2.9$	2.7	0.4
pCl	$5.3 \sim 5.8$	$3.2 \sim 4.0$	3.6	0.3
pSO_4	$3.7 \sim 4.7$	$2.2 \sim 4.7$	3.6	2.0

a) $pX = -\log [X]$.　　　　　　　　（Howard 著，奥村ほか 訳，2007）より一部抜粋.

の導電率があり，海水は陸水に比べ，数百倍，電気を通しやすい性質をもつ．海岸近くの河川水や地下水は海水が混ざり塩水化する場合があるが，導電率を測定することで，塩水化の程度を知ることができる．

　液体のなかでは，水は例外的にさまざまな物質をよく溶かす性質をもち，高い溶解力を有する．溶かす対象は，電解質である無機の塩類からアミノ酸，糖などの有機物まで幅広い．溶解現象を分子レベルでみると，溶質の分子やイオンがその周囲を水分子に取り囲まれた水和現象が生じている．水和の様子は，対象となる溶質により異なる．溶質が電解質の場合，陽イオンと陰イオンに分かれて溶けるが，水分子はそれぞれのイオンに対して電気双極子のイオンと反対符号の極を向けてイオンを取り囲む．その際に，静電的な相互作用がイオンと水分子の間にはたらいている．この現象をイオン水和という．これにより多くの塩類を溶かすことができる．たとえば 100 g の水に対する NaCl の溶解度は 26 g と大きい．海水の重量の約 3.5% は溶存した塩類で，NaCl が主成分である．塩類の 99% 以上の重量を 6 種類のイオン（Cl^-，Na^+，SO_4^{2-}，Mg^{2+}，Ca^{2+}，K^+）が占めている．陸水の主要な成分も無機塩類である（表 3.1）．その成分組成は，陽イオンではカルシウムイオン（Ca^{2+}）が，陰イオンでは炭酸水素イオン（HCO_3^-）が相対的に多い点が，Na^+ と Cl^- が多くを占める海水と大きく異なる点である．

　溶質が糖のような非電解質であっても，溶質分子中の $-O-$，$-OH$，$-NH_2$ などの末端基が水分子と水素結合を形成することで，分子をバラバラにして取り囲むことができる．このような水素結合による水和により，さまざまな小分子の有機物が高い濃度で溶解可能である．たとえばスクロースの溶解度（20℃）は 204 g もある．さらに，静電相互作用や水素結合をもたない疎水性の溶質分子であってもわずかながら溶かすことができる．これを疎水性水和という．溶質分子周囲の水分子が互いに水素結合により結び付き合いカゴのような形になり，その中に溶質分子を収めるようにして溶かし込む．このとき，水の構造性が溶質分子まわりで高まるので，エネルギー（エントロピー）的に不利であり，溶解度は極端に小さくなる．メタン（CH_4）やアルゴン（Ar）など水に溶けないと思われる物質も，わずかではあるが水に溶けることができる．

　以上のような水の溶解力により，さまざまなものを溶かすことができる性質が生物活動と地球環境に貢献している．水は，土壌中の硝酸塩，リン酸塩などの栄養塩類を溶解し，植物に供給している．また，アミノ酸，糖などの栄養を血液や体液を通して，体中の細胞に供給してい

32　第3章　水分子と陸水環境

表3.2　水の特異な性質とそれが環境へ与える結果

性　質	大きさ	物性値	結　果
熱容量	例外的に高い	$75.2\,\mathrm{J\,K^{-1}\,mol^{-1}}$（25℃）	環境の温度変化を和らげる，熱移動の良い媒体
融解潜熱	非常に高い	$6.01\,\mathrm{kJ\,mol^{-1}}$（0℃）	環境の温度変化を和らげる，液体状態を安定化する
蒸発潜熱	物質中最大	$40.7\,\mathrm{kJ\,mol^{-1}}$（100℃）	大気中での蒸発–凝縮バランスを和らげる
密　度	4℃に異常な極大をもつ	$916.8\,\mathrm{kg\,m^{-3}}$（0℃，氷） $999.8\,\mathrm{kg\,m^{-3}}$（0℃，液体） $1000.0\,\mathrm{kg\,m^{-3}}$（4℃，液体）	湖沼が表面から氷結することを可能にし，水温の分布を支配する．水塊の循環をもたらす
表面張力	すべての液体のうち最高	$72.0\,\mathrm{mN\,m^{-1}}$	大気中での水滴の形成や，生体膜を通した移動など，重要な表面現象をもたらす
双極子モーメント	非常に高い	$6.14\times10^{-30}\,\mathrm{C\,m}$（1.84 D）	広範な物質を溶解する溶解力をもたらす
透明度	比較的高い	外洋で約 200 m	紫外線や赤外線は吸収するが，光合成に必要な可視光は透過する

（Howard 著，奥村 ほか 訳，2007）に一部加筆．

る．海洋などの水が二酸化炭素（CO_2）などの気体成分を溶かすことで，大気中の気体成分の濃度の調節にもはたらいている．

　天然水中の溶存成分はイオン水和により溶けた無機塩類がおもなものであるが，水素結合による水和で溶けた有機物も濃度は高くないものの存在する．天然水中に溶けた低分子量の有機化合物としては，アミノ酸，糖類，脂質，クロロフィルなどがある．これらは，動植物の代謝産物や，より大きな生物起源分子の分解に由来するものである．また天然水中には，高分子量の溶存性有機物質も存在する．これらは水系腐植物質（aquatic humic substances：AHS, 5.2 節参照）と総称される．AHS は低分子量有機化合物が複雑に重合した有機化合物で，単一の構造をもたない．分子量300以上となる．こうした有機化合物は，植物などが微生物による分解を受けて生成した天然由来の有機物である．AHS は，抽出条件によりフミン酸（図5.2参照）とフルボ酸に大別される．フミン酸は pH 1 の酸性条件で沈殿する化合物で，フルボ酸はすべての pH で溶解する比較的低分子量の化合物である．

　これまで述べたように，水は地球上において最もありふれた液体でありながら，その性質は一般的な液体の性質から大きく外れた異常さをもっている．この水の異常な特性が，地球上の物理的，化学的，生物学的過程に大きく影響している．表3.2に水の異常さとそれが環境へ与える影響についてまとめる．

3.4　水の温度と密度の変化からみた陸水環境

　海や湖では一定の深さがあるため，深さ方向で水質が異なってくる．その代表的なものが水温である．図3.6は琵琶湖湖心における深度に伴う水温の季節変化を示している．

　夏期の水温は表水層で高く，深水層で低い．これらの中間の層では水温が低下傾向を示している．表水層と深水層での水温の違いは，太陽光の透過が影響している．水の透過性がある表

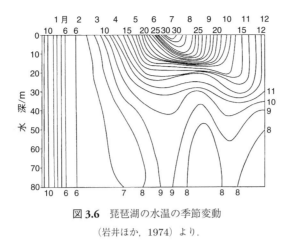

図 3.6 琵琶湖の水温の季節変動
（岩井ほか，1974）より．

面近くの水層では太陽光により水が温められて水温が高くなるが，光の透過が十分ではない下方の水層では水が温まらず水温は低い．その結果，温かい表面近くの水層と冷たい底部に近い水層とで温度に大きな違いが生じる．温度による水の密度の変化により，水温が高く密度が小さい表水層と水温が低く密度が大きい深水層の2層が形成される（図3.6）．温かくて軽い表水層は冷たくて重い深水層の上に浮いた状態となり，相互に混ざり合うことがない．このため，2層が形成されている間，表水層と深水層では水質が大きく異なる（図4.2および図9.3参照）．

2層の間の温度の遷移層が**水温躍層**（thermocline）である（図9.7〜9.10参照）．水温躍層には植物プランクトンが集まり，光合成を盛んに行う．その結果，pHが上昇し，溶存酸素（dissolved oxygen：DO）濃度も高くなる（図4.2参照）．光合成は強光により阻害を受けるため，ある程度の深度があるほうが植物プランクトンの生育に有利である．さらに，表水層中の硝酸イオンなどの栄養塩の濃度は，植物プランクトンの成長に消費されて枯渇気味となる．このため，表水層と深水層の境界に位置し，深水層に残る栄養塩が供給されやすい水温躍層で生存することが成長に有利である．このような理由から，水温躍層は植物プランクトンの格好の生育場所となる．

植物プランクトンの遺骸や代謝生産物の有機物は沈降し深水層に至ると，好気性微生物による有機物の分解により酸素が消費される．深水層の水温は低いためDOの飽和濃度は高いが，表水層により大気から遮断されているため，酸素の供給があまりない．有機物量が多い場合，その分解に酸素が消費され尽くされてしまい，無酸素の還元的環境へと変化する可能性がある．こうした還元的雰囲気では，バクテリアによる有機物の嫌気的分解が生じ，CH_4や硫化水素（H_2S）が発生し，生物にとっての環境条件が悪化することとなる．

水温躍層が形成され表水層と深水層に分かれる成層の状況は，季節により変化する．日本では，春から秋にかけて成層する成層期と，冬に成層が消滅する循環期に分かれる場合が多い（図3.6および図4.2参照）．冬には，湖面表面から冷たい大気に熱を奪われて表面近くの水の温度が低下し，逆に底部近くの水層の温度が相対的に高くなる．その結果，水の温度と密度が成層期とは逆転し，上層が冷たくて重い水，下層が温かくて軽い水となり，水の上下混合が生じて

循環する．これに伴って，水質も上下で均一になることとなる．このときの作用は反転作用とよばれる．深水層には有機物の分解で生じた栄養塩類が溜まっており，循環によってそれが上層へ供給されることで，植物プランクトンに必要な栄養が一時的に豊富となる．春先での反転作用は，植物プランクトンの増殖が活発になる要因になっている．

第3章 演習問題

問1 図 3.7 は 1950 年 7 月に観測された榛名湖の水温，DO，pH の鉛直分布図である．なぜ，水温と DO の分布曲線がこのような形になるのか，説明せよ．

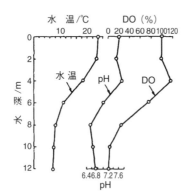

図 3.7 榛名湖の夏期の水質
（多賀，那須，2005）を一部改変．

問2 以下の文中の括弧内に適当な言葉を入れよ．
　　　pMg が 5.0 の河川水と 2.5 の地下水とでは，（A）のほうが Mg^{2+} 濃度が（B）倍高い．

問3 湖沼の補償深度（3.2.2 項，9.3 節）の光量は湖水面の光量の 1% である．では，補償深度の 1/2 の水深にある透明度における光量は湖水面の何%か．計算式とともに答えよ．

第3章 文 献

半谷高久（1975）『第 4 版 水質調査法』，p.184，丸善出版．
Howard, A. G. 著，奥村 稔ほか 訳（2007）『水圏環境化学』，p.11, p.13, p.16，ワーズ．
岩井重久ほか（1974）『琵琶湖の動態』，（藤永太一郎 編），p.14，時事通信社．
本島公司ほか（1973）『地下水・温泉の分析』，p.166，講談社．
日本分析化学会北海道支部 編（2005）『第 5 版 水の分析』，pp.176–181，化学同人．
大城芳樹，平嶋恒亮（1999）『図表で学ぶ化学』，pp.26–27，化学同人．
鈴木啓三（2000）『水の話・十講』，p.13，化学同人．
多賀光彦，那須淑子（2005），『第 2 版 地球の化学と環境』，p.107，三共出版．
田嶋和夫ほか（2011）『第 2 版 一般化学——現代化学のすがた——』，p.61，丸善出版．

第4章

陸水の酸性度

4.1 はじめに

水質の物理的性質を表すもののひとつに pH が挙げられる．環境水の pH は，おもに二酸化炭素（CO_2，炭酸ガス）の溶解量によって決まる．CO_2 は，水中に溶解することによって，以下の 3 つの形態で存在している．

H_2CO_3	炭酸
HCO_3^-	炭酸水素イオン（重炭酸イオン）
CO_3^{2-}	炭酸イオン

CO_2 も含めてこれらを全炭酸（無機炭素）とよぶ．これらの溶解は温度，気圧，大気中の CO_2 濃度などに依存し，その環境条件でそれぞれ化学平衡を保ち，量的に変化し，結果として pH を左右する．

地球上の CO_2 の挙動は，生物活動に密接に関わっている．CO_2 は植物の光合成による一次生産の最も主要な原料である．また，呼吸性の生物は呼吸によって CO_2 を大気中へ放出する．人間活動もまた CO_2 の挙動に大きく関与している．近年危惧されている地球温暖化の進行は，温室効果ガスのひとつである CO_2 の放出速度が化石燃料の大量消費，森林伐採，農耕地の拡張など人為的な要因によって加速していることが原因の 1 つとされている．したがって，環境水の pH は物理的性質を示すものの，生物活動をおおいに反映しているといえる．

本章では，pH と緩衝作用について，まず基本的な理論を解説するとともに，環境水中でのそれらの実例について紹介する．また，水域の酸性化問題についても取り上げる．

4.2 水の電離平衡と pH

pH について説明する前に，まず水の電離について解説する．水分子（H_2O）の一部は，以下のように電離して水素イオンと水酸化物イオンを生じて電離平衡の状態になっている．

$$H_2O + H_2O \rightleftharpoons H_3O^+ + OH^- \tag{4.1}$$

この反応を**自己プロトリシス**（autoprotolysis）とよぶ.

実際には遊離した H^+ は存在できないが，本書では慣用的に式 (4.1) の反応を以下の式 (4.2) として扱う.

$$H_2O \rightleftharpoons H^+ + OH^- \tag{4.2}$$

水の解離の程度は平衡定数 K によって，式 (4.3) のように表せる.

$$K = \frac{[H^+][OH^-]}{[H_2O]} \tag{4.3}$$

溶媒である H_2O の活量は 1 と考えられている. したがって，式 (4.3) は，$[H^+]$ と $[OH^-]$ の積として示される. これを K_w とおくと，式 (4.4) が得られる.

$$K_w = [H^+][OH^-] \tag{4.4}$$

K_w は，水の**イオン積**（ionic product）とよばれる. 水の電離は非常に小さく，25℃，1 atm のときの純水中では，$K_w = 1.008 \times 10^{-14}$，$[H^+] = [OH^-] = 1.004 \times 10^{-7} \mathrm{mol\,L^{-1}}$ である. 水のイオン積の関係は純水だけでなく，さまざまな水溶液中で成り立ち，温度および気圧が一定であれば K_w は常に一定である.

この水のイオン積の関係を用いて，溶液の酸性度を示すことができる. 式 (4.4) から，

$$[H^+] = \frac{K_w}{[OH^-]}$$

となり，両辺の常用対数をとり，マイナスをつける.

$$-\log [H^+] = -\log K_w + \log [OH^-] \tag{4.5}$$

このとき，$-\log[H^+]$ を水素イオン指数とよび，pH で示される. ここで，pH の定義には，2 つの仮定が含まれていることを理解しておかねばならない. ひとつは，式 (4.1) のところでも述べたが，H^+（プロトン）というものは宇宙空間や太陽中には存在しているかもしれないが，20℃で 1 atm の地球上には実在しない，ということを承知のうえで簡便のために使用しているという点である. 実際には，H^+ に 4 分子の水が配位して $H_9O_4^+$ のかたちで 1 個のプロトンが安定化されている，といわれている. 2 つ目は，H^+ 濃度は熱力学的には活量（a）で表されるべきものであるということに関係する. 希薄溶液中では活量と測定濃度は同じと見なせるが，海水のような濃厚塩溶液中では活量係数（γ）は 1 よりも小さいことが知られている（1.2 節参照）. すなわち，pH の実測値が信頼できるのはせいぜい pH 1〜13 程度の範囲にある淡水に限られることを理解していなければならない. 本書では全体を通じて，濃度は活量に対応しているものと仮定する.

25℃，1 atm のときの純水中では，$[H^+] = [OH^-] = 1.004 \times 10^{-7} \mathrm{mol\,L^{-1}}$ であるので，pH=7 である. この pH 7 に基づいて，室温付近にある溶液の酸性あるいは塩基性の度合いを表すことができる（表 4.1）. pH < 7 の溶液は酸性，pH 7 は中性，pH > 7 は塩基性である.

たとえば，$1.0 \times 10^{-3} \mathrm{mol\,L^{-1}}$ 塩酸（HCl）の pH は，$-\log(1.0 \times 10^{-3}) = 3.0$ であり，酸

表 4.1 身近な液体の pH

液 体	pH
胃 液	1〜2
レモン	2
ビール	4〜5
コーヒー	〜5
大気と平衡にある純水	5.6
牛 乳	7
海 水	8.2
洗濯せっけん	〜10
家庭用漂白剤	12.5

表 4.2 代表的な気体の 25℃におけるヘンリー定数

気 体	$K_H/\mathrm{mol\,L^{-1}\,atm^{-1}}$
CH_4	1.34×10^{-3}
CO_2	3.38×10^{-2}
N_2	6.48×10^{-4}
O_2	1.26×10^{-3}

性を示す.

4.3 純水の pH

25℃における純水の pH は 7.0 である.しかしながら,大気には CO_2 が含まれており,CO_2 の溶解が水の pH に影響する.大気と溶解平衡にある純水の pH は,以下のように CO_2 の溶解平衡と電離平衡で計算される.

まず,溶解平衡は以下のように表される.

$$CO_{2(g)} \rightleftharpoons CO_{2(aq)} \qquad K_H = \frac{[CO_2]}{p_{CO_2}} = 10^{-1.47}\,\mathrm{mol\,L^{-1}\,atm^{-1}} \tag{4.6}$$

ここで,気体の溶解平衡定数 K_H をヘンリー(Henry)定数といい [1],p_{CO_2} は大気中の CO_2 の分圧を表す(表 4.2).水中に溶解した CO_2 分子は速やかに水分子と反応して H_2CO_3 に変換されるので,K_H は以下のように書き替えられる.

$$CO_2 + H_2O \rightleftharpoons H_2CO_3 \qquad K_H = \frac{[H_2CO_3]}{p_{CO_2}} = 10^{-1.47}\,\mathrm{mol\,L^{-1}\,atm^{-1}} \tag{4.7}$$

CO_2 が溶解している溶液中の電離平衡は,以下の 2 つの式で示される.

$$H_2CO_3 \rightleftharpoons H^+ + HCO_3^- \qquad K_1 = \frac{[H^+][HCO_3^-]}{[H_2CO_3]} = 10^{-6.3}\,\mathrm{mol\,L^{-1}} \tag{4.8}$$

$$HCO_3^- \rightleftharpoons H^+ + CO_3^{2-} \qquad K_2 = \frac{[H^+][CO_3^{2-}]}{[HCO_3^-]} = 10^{-10.4}\,\mathrm{mol\,L^{-1}} \tag{4.9}$$

K_1 を第 1 解離定数,K_2 を第 2 解離定数とする.また,水の解離の存在を忘れてはならない.

$$H_2O \rightleftharpoons H^+ + OH^- \qquad K_w = 10^{-14} \tag{4.10}$$

これらの平衡から電荷収支は,

$$[H^+] = [HCO_3^-] + 2\,[CO_3^{2-}] + [OH^-] \tag{4.11}$$

pH を知りたいので,以上の式を用いて $[H^+]$ の項と既知の項に置き換える.$K_1 \gg K_2$ つまり

---

[1] 気体が水に溶ける現象も化学平衡のひとつである(ヘンリーの法則).K_H が大きい気体ほど水によく溶ける.

38　第 4 章　陸水の酸性度

$[HCO_3^-] \gg [CO_3^{2-}]$ であり，また $[OH^-]$ も無視できる．よって式 (4.11) は，

$$[H^+] = [HCO_3^-]$$

となる．したがって，式 (4.8) より，

$$K_1 = \frac{[H^+]^2}{[H_2CO_3]}$$

これに式 (4.7) を代入して，

$$K_1 = \frac{[H^+]^2}{[H_2CO_3]} = \frac{[H^+]^2}{K_H \cdot p_{CO_2}}$$
$$[H^+] = \sqrt{K_1 \cdot K_H \cdot p_{CO_2}} \tag{4.12}$$

現在大気中には，約 398 ppm の CO_2 があるので，式 (4.12) に $p_{CO_2} = 3.98 \times 10^{-4} = 10^{-3.4}$ atm を代入して数値計算すると，$[H^+] = 10^{-5.6}$ mol L^{-1} が得られ，pH $= -\log[H^+] = 5.6$ となる．

　このように，大気と溶解平衡にある純水は弱い酸性を示す．大気中に二酸化窒素（NO_2）や二酸化硫黄（SO_2）などが多く放出され雨に溶け込むと，雨の pH は 5.6 を下回ることになる．したがって，酸性雨は，「pH 5.6 以下の降雨」と定義されている．

4.4　緩衝作用

　緩衝液（buffer solution）は，酸や塩基が加えられたとき，またその溶液が希釈されたときに，pH の変化をある程度抑える性質をもつ．一般に，弱酸とその共役塩基，または弱塩基とその共役酸の混合溶液である．弱酸と共役塩基の混合溶液の pH を考えてみる．弱酸を HA，その塩基（共役塩基）を A^- とすると，以下の酸解離平衡が成り立つ．

$$HA \rightleftharpoons H^+ + A^-$$

平衡定数を K_a とする．

$$K_a = \frac{[H^+][A^-]}{[HA]} \tag{4.13}$$

式 (4.13) の両辺の対数をとって変形すると，

$$pH = pK_a + \log \frac{[A^-]}{[HA]} \tag{4.14}$$

となり，式 (4.14) をヘンダーソン・ハッセルバルヒ（Henderson-Hasselbalch）の式とよぶ．

　酸や塩基を加えたときの溶液の pH の変わりにくさを**緩衝能**（buffer capacity）という．溶液系が緩衝能を有していると，恒常性を保ちやすくなるので，緩衝能をもたない系よりも安定化する．生体はその代表例である．一般に緩衝能は，緩衝液の濃度が高いほど大きい．

　前述したように，大気中の CO_2 が環境水の pH に作用する．図 4.1 はそれぞれの pH に対する 3 つの炭酸化学種，H_2CO_3（$CO_2 + H_2O$）[2]，HCO_3^-，CO_3^{2-} の存在割合を示す．pH 7〜

---

[2] 便宜上，水中でイオン化していない CO_2 を H_2CO_3 と表記する．

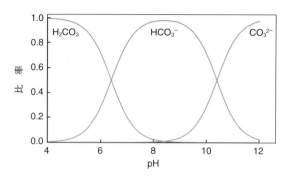

図 4.1 pH の変化に伴う炭酸化学種の存在割合

9 では HCO_3^- が 80%を占める．pH が 6.4 以下の酸性の水では H_2CO_3 が，pH が 10.4 以上のアルカリ性の水では CO_3^{2-} が主体となる．pH が炭酸化学種の存在割合を決めているというより，炭酸化学種の存在割合が pH を決めている（Andrews *et al.*, 2004）．

これら炭酸化学種の平衡は，pH を変化させるような酸性あるいはアルカリ性物質が流入した場合，それを打ち消す平衡移動が起きて，ある程度 pH の変化を軽減させる緩衝能を示す．したがって，環境水は緩衝能をもつ．

4.5 淡水域の pH

一般的に，日本の河川水や湖沼水の pH は 6〜8，海水では 8〜8.5 を示すことが多いといわれている（藤森，2013）．しかしながら，実際は生物活動になどにより，pH は短いタイムスケールで変動するのが一般的である．前述したように，水の pH は全炭酸の存在に支配される．湖沼水や河川水などには多くの水棲生物が生息する．その多くは呼吸性の生物であり，呼吸とともに水中に CO_2 を吐き出す．

$$C_6H_{12}O_6 + 6\,O_2 \longrightarrow 6\,CO_2 + 6\,H_2O$$

また，光が当たる表層では，光合成生物の活動により，日中は CO_2 が使用される．

$$6\,CO_2 + 6\,H_2O \longrightarrow C_6H_{12}O_6 + 6\,O_2$$

したがって，環境水中の pH は，大気中の CO_2 の溶解に影響されることもさることながら，水棲生物の呼吸や光合成に大きく支配される．

湖沼を例に挙げると（9.3 節を参照），光が当たる表層（有光層，生産層）では植物プランクトンや水草など光合成生物が存在し，日中は光合成を行う．このとき，光合成により H_2CO_3（あるいは HCO_3^-）[3] が消費されることで，全炭酸の式 (4.8)，(4.9) の平衡は左に進行する．その結果，式 (4.10) の平衡は右に進行することとなり，OH^- が余ることで湖水はアルカリ性

---

[3] CO_2 分子は，電荷をもたず分子量が小さいため，光合成生物の細胞膜を容易に通過することができるが，電荷をもつ HCO_3^- などは細胞膜を通過しにくい．しかしながら，シャジクモなど一部の藻類は，特別な輸送系タンパク質をもつことで HCO_3^- を使用することができる（三村，村上，2009）．

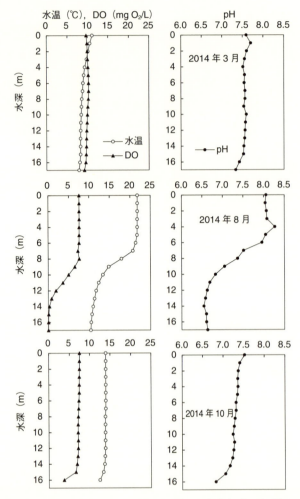

図 4.2 赤城大沼における 2014 年 3, 8, 10 月の水温, 溶存酸素 (DO) 濃度, pH の鉛直分布
(野原精一氏 提供)

を示す (図 4.2). 植物プランクトンなどの藻類ブルーム (異常増殖) が見られるとき, まれに湖水の pH は 10 以上の値になることもある.

一方, 光が当たらない下層 (無光層, 分解層) では, おもにバクテリアや菌類が呼吸して CO_2 を放出する. その結果, 式 (4.7)〜(4.9) の平衡は右に進み, H^+ が放出され, 湖水は酸性を示す. 水深が深い湖沼の停滞した下層では, pH は約 5〜6 を示す.

4.6 海域の pH

淡水域の場合と異なり, 海域の pH には全炭酸のほかに炭酸カルシウム ($CaCO_3$) の沈殿平衡が影響を与える. $CaCO_3$ の溶解度積を K_{sp} (5.3.1 節参照) とすると,

$$CaCO_3 \rightleftharpoons Ca^{2+} + CO_3^{2-} \qquad K_{sp} = [Ca^{2+}][CO_3^{2-}] \tag{4.15}$$

以下のように式 (4.7)〜(4.10) および式 (4.15) の反応から，海水の pH を計算してみる．4.3 節の純水の pH の計算と同様に，$[H^+]$ の項と既知の項に置き換える．

電荷収支より，

$$2[Ca^{2+}] + [H^+] = [HCO_3^-] + 2[CO_3^{2-}] + [OH^-] \tag{4.16}$$

$p_{CO_2} = 10^{-3.4}$ atm より，式 (4.7) から，

$$[H_2CO_3] = K_H \cdot p_{CO_2} = 10^{-4.87} \tag{4.17}$$

式 (4.8) より，

$$[HCO_3^-] = \frac{[H_2CO_3]K_1}{[H^+]} = \frac{10^{-11.2}}{[H^+]} \text{ mol L}^{-1} \tag{4.18}$$

式 (4.9) より，

$$[CO_3^{2-}] = \frac{[HCO_3^-]K_2}{[H^+]} = \frac{10^{-11.2} \times 10^{-10.4}}{[H^+]^2} = \frac{10^{-21.6}}{[H^+]^2} \text{ mol L}^{-1} \tag{4.19}$$

式 (4.10) より，

$$[OH^-] = \frac{10^{-14}}{[H^+]} \text{ mol L}^{-1} \tag{4.20}$$

式 (4.15) より，

$$[Ca^{2+}] = \frac{K_{sp}}{[CO_3^{2-}]} = \frac{K_{sp} \cdot [H^+]^2}{10^{-21.6}} \text{ mol L}^{-1} \tag{4.21}$$

式 (4.17)〜(4.21) を式 (4.16) に代入し，$[H^+]$ の項について整理すると，式 (4.22) が得られる．

$$2 \times K_{sp}[H^+]^4 + [H^+]^3 - 10^{-11.2} \times [H^+] = 10^{-21.6} \tag{4.22}$$

ここに K_{sp} の値を代入し，逐次計算すると海水の pH を求めることができる (Howard, 2007).

海水にはたくさんの塩類が溶け込んでいるが，pH に作用するのは Ca^{2+} のような，炭酸イオンと結合する物質が主である．海水中に最も多く溶解している Na^+ や Cl^- は，完全解離しており，H^+ や OH^- にまったく親和性を示さない．

$CaCO_3$ の沈殿平衡が加わることによって，海水は淡水よりも大きな緩衝能を示す．酸性物質が流入した場合，式 (4.15) の $CaCO_3$ が溶解の方向（右）へ平衡が傾き CO_3^{2-} を放出する（図 4.3）．全炭酸の式 (4.7)〜(4.9) の反応は左に進み，pH は一定に保たれる．アルカリ性物質が流入した場合は，全炭酸の平衡は右に進み，$CaCO_3$ が沈殿する方向に平衡が傾く．

4.7 日本における酸性湖および酸性河川

日本は火山地帯に位置するため，火山起源の硫酸（H_2SO_4）や塩酸（HCl）によって酸性化された湖沼や河川が多く存在する（図 4.4）．このような火山性の酸性湖沼や酸性河川には古い歴史をもったものが多く，そのような水圏環境中では耐酸性あるいは好酸性を有する独特な生物相がみられる（佐竹，2002）．なお，4.5 節で述べたように富栄養湖の表層水の pH 値が一時

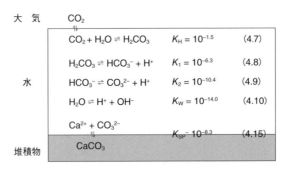

図 4.3 海水における炭酸化学種と Ca^{2+} の平衡

図 4.4 日本列島にみられる酸性河川と酸性湖
(佐竹, 2002) より.

的に 10 以上になることはあっても,自然界に pH 値が定常的に 10 以上である環境水は存在しない[4].もし観測された場合は,産業排水などの流入が疑われる.

---

[4] 塩基性の環境水の例として,湖ではアルカリ度の高いトルコのワン湖の pH が 9.4〜10.1 (杉山, 2015),河川では高知県の蛇紋岩地質帯を流れる久万川の pH が 9.27〜9.40 (一色ほか, 1999) であることが知られている.

4.8 水域の酸性化

　欧米諸国では，産業革命以降，強い酸性を示す雨が降ることによって，河川や湖沼生態系へのダメージが深刻であった．これは北欧や北米の基盤岩石はおもに氷河侵食を受けた花崗岩や花崗片麻岩などであり，これらの地域に分布する湖沼や河川は緩衝能が乏しいためである．スウェーデンやノルウェーなどでは，酸性雨の被害はとくに深刻で，1980 年代には湖の pH の低下と魚類の絶滅などが観測された（野原，2004）．

　日本では，雨の年平均 pH は 4.5〜5.8 といわれているが，酸性雨による深刻な被害は報告されていない．その理由として（1）緩衝能の高い土壌成分やアルカリ性の黄砂が飛来してくることによる中和作用があること，（2）火山地帯にあるためもともと酸性土壌が多く，生物の耐酸性が高いことなどが挙げられている．しかしながら，局所的であるが花崗岩地域などの酸中和作用が低い地域における影響は危惧されている．また，酸性雨の原因となる窒素酸化物（NO_x）や硫黄酸化物（SO_x）など酸性降下物は，水域に硝酸イオン（$NO_3{}^-$）や硫酸イオン（$SO_4{}^{2-}$）として流入する．これらは生物にとっての栄養塩であり，過剰に水域に集積することで富栄養化の進行も懸念されつつある．実際に，Kamiya ら（2008）は斐伊川を介した宍道湖（島根県）への窒素負荷は増加傾向にあり，その原因として冬期の大陸からの窒素飛来の可能性を示唆している．

　さらに，近年海洋では，大気中の CO_2 濃度増加に伴い，全炭酸の平衡が変化することで海水が酸性化し，海洋生物に対する影響が報告され注目を集めている．とくに石灰化生物であるサンゴや貝類などは，pH の低下に伴って殻など体の一部の形成に支障をきたすと考えられている（藤井，石田，2013）（5.3.3.C 項参照）．

第4章　演習問題

問 1 水のイオン積は，高温度になるほど大きく，60℃での水のイオン積は，9.61×10^{-14}，100℃での水のイオン積は，5.5×10^{-13} である．
　（a）60℃，1 atm での純水の pH を求めよ．
　（b）100℃，1 atm での純水の pH を求めよ．

問 2 大気中に二酸化硫黄（SO_2）が約 5 ppb 存在するとき，雨の pH はいくつになるか計算せよ．なお，SO_2 の $K_1 = 2.0 \times 10^{-2}\,\mathrm{mol\,L^{-1}}$，$K_H = 2.0\,\mathrm{mol\,L^{-1}atm^{-1}}$ とする．CO_2 や NO_2 の存在は無視してよい．

問 3 酢酸（$pK_a = 4.76$）および酢酸ナトリウムの $0.10\,\mathrm{mol\,L^{-1}}$ 溶液をそれぞれ混合し，pH 4.80 の緩衝液 50 mL をつくりたい．それぞれの溶液を何 mL ずつ混合すればよいか求めよ．

第4章　文　献

Andrews, J. E., *et al.* （2004）"An Introduction to Environmental Chemistry", pp.141–180,

Blackwell.

藤井賢彦，石田明生（2013）海洋と生物，**35**，315–322.

藤森英治（2013）『これからの環境分析化学入門』（小熊幸一ほか 編），pp.40–67，講談社サイエンティフィク.

Howard, A. G. 著，奥村 稔ほか訳（2007）『水圏環境化学』，pp.29–31，ワーズ.

一色健司ほか（1999）高知大学紀要，7–19.

Kamiya, H., *et al.* （2008）*Landscape and Ecological Engineering*, **4**, 39–46.

三村徹朗，村上明男（2009）『水環境の今と未来　藻類と植物のできること』（神戸大学水圏光合成生物研究グループ 編），pp.35–50.

野原精一（2004）『生態学入門』（日本生態学会 編），p.233，東京化学同人.

佐竹研一（2002）『酸性環境の生態学—酸汚染と自然生態系を科学する—』（佐竹研一 編），pp.1–14，愛智出版.

杉山雅人（2015）海洋化学研究，**28**，47–63.

第5章

環境水中の溶存物質

5.1　はじめに

　日本には約 14,000 の一級河川と約 7000 の二級河川，その他約 8000 の準用河川が狭い国土にひしめくように流れているが，どれひとつとして同じ水質の河川はなく，それぞれに異なる水質特性を有している．なぜ，そういうことになるのか？　地上に降り注いだ湿性降下物（雨，雪，霧など）が地面にしみ込んで地下水となり，ある程度地中を移動した後に露頭から湧き出して源流となるが，その過程で土壌や岩石と接触して各種のミネラルを溶解する．接触時間の長さと岩石を構成する成分の溶解性の違いによって基本的な水質が決定され，その上に落ち葉の分解生成物などの天然有機物や人間活動による諸々の負荷が加わって最終的な水質になるので，河川ごとに水質に個性が現れるのである．本章では陸水中に溶存している代表的な無機物質について，溶存濃度を支配している要因を解説する．

5.2　環境水中に溶存している有機化合物

　環境水中にはナトリウムイオン（Na^+）や炭酸イオン（$CO_3{}^{2-}$）などの無機物質以外に，いろいろな有機化合物が溶存している．それら有機化合物は，昆虫など動物の排泄物や死骸，植物の落ち葉などの分解生成物など自然由来のものと，農薬や洗剤といった人為起源物質の両方がある．動物の死骸や落ち葉は，ミミズやシロアリ，ダニといった動物や微生物など，**分解者**（decomposer）といわれる生物によって段階的に分解され，最終的には二酸化炭素（CO_2）と水になるが，その途中段階の分解生成物も水に溶解して海へと運ばれていく．したがって，環境水中にはアミノ酸や糖類，脂質といった低分子の有機化合物から，DNA（1.4.3 項），リグニン，タンパク質といった生体高分子化合物まで多岐にわたる物質が溶存している．

　環境水中に溶存する低分子量有機化合物としては，天然起源物質以外に洗剤や農薬などの人間活動によって発生した物質が含まれる．代表的な物質を図 5.1 に示す．かつては DDT（diphenyl dichloro trichloroethane の略号）や BHC（benzene hexachloride の略号）といった農薬による環境破壊が大きな問題となったが，規制が進んだことと農薬の改良によって生分解性が向上

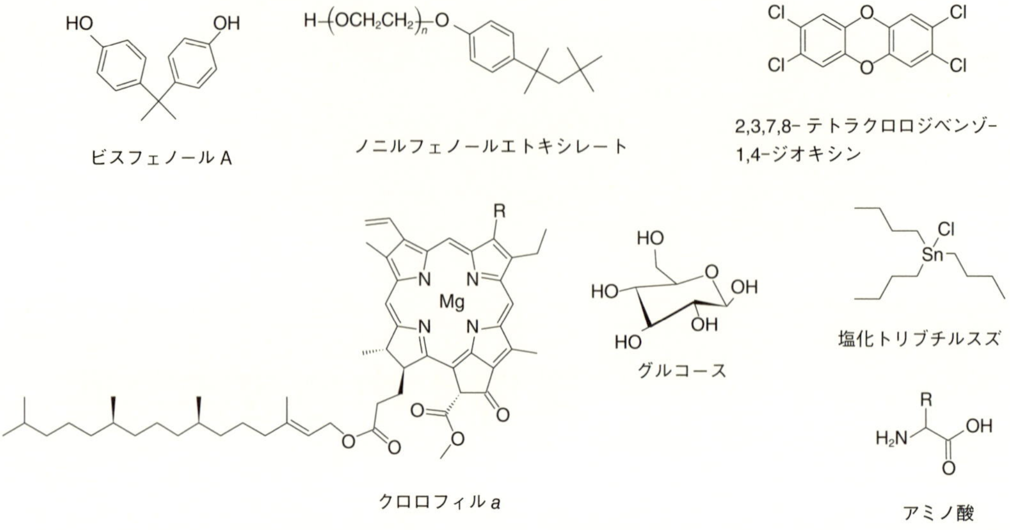

46 第 5 章 環境水中の溶存物質

図 5.1 環境水中に溶存する低分子有機化合物

したことが相まって，現在は高濃度の農薬散布による環境汚染が問題になることは少ない．近年では，農薬汚染よりも内分泌攪乱物質（環境ホルモン）による生態系への影響が問題視されている．1990 年に全国でイボニシなどの巻き貝について調査した結果，ほとんどの調査地点で採取した巻き貝の生殖器に異常が見られ，大きな話題となった．当時は，船舶用塗料のトリブチルスズやトリフェニルスズが原因であるとされたが，その後ほかにもいくつかの化学物質に内分泌攪乱作用のあることがわかってきた．ただし，貝類と魚類では因果関係が認められているが，哺乳類への直接の影響は認められていない．代表的な内分泌攪乱物質として，ビスフェノール A とノニルフェノール，ダイオキシン類が挙げられる（図 5.1）．ビスフェノール A はエポキシ樹脂の原料で，抗酸化剤としても使われている．ノニルフェノールは，衣料用洗剤に使われている非イオン性界面活性剤ポリ（オキシエチレン）ノニルフェニルエーテルの分解生成物である．ダイオキシンは一時期社会問題化したことで有名であるが，ダイオキシンという化合物があるわけではない．図 5.1 にはダイオキシン類のうちの代表的な化合物 2,3,7,8-TCDD（2,3,7,8–テトラクロロジベンゾ–1,4–ジオキシン）の構造式を示す．ダイオキシン類はゴミ焼却炉などの高温条件下で自然発生的に発生し，発がん性や内分泌攪乱作用など多くの環境毒性を有していることが明らかになっている．

　環境水中に含まれる水溶性高分子化合物の代表的な物として，**水系腐植物質**（aquatic humic substances：AHS）がある．AHS は水質分析のための前処理の操作法によって，酸性側で沈殿する化合物を腐植酸（フミン酸），すべての pH 領域で沈殿しない低分子量の化合物をフルボ酸に分類している．AHS の構造の一例を図 5.2 に示すが，いずれも組成不定の高分子量の物質である．多くの官能基と複雑な構造を有することから，重金属イオンと錯体を生成して生態系への悪影響を軽減したり，紫外線を吸収して水棲生物を保護しているといわれている．また，河川水中には生体から溶出した DNA（環境 DNA）が溶存していることが明らかになり，最近で

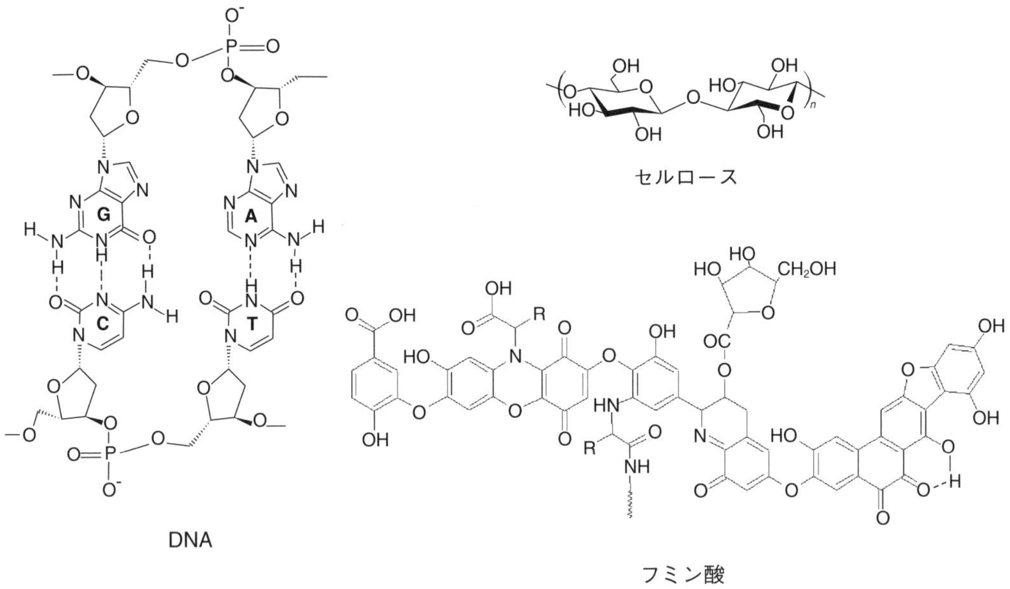

図 5.2 環境水中に溶存する高分子有機化合物

は環境 DNA を測定して，特定の生物の生息状況を把握する研究技術が注目を集めている．

5.3 溶解度と沈殿

5.3.1 溶解度積と溶解度

　水が土壌や岩石と接触すると，接触面からそれらを構成する無機イオンが溶出する．たとえば地下深くにある岩石の割れ目に存在している水のように移動や交換が非常に遅い場合，無機イオンの接触面からの溶出は一定程度進んだところで止まる．すなわち，溶解平衡に達する．

　難溶性のイオン化合物の溶解平衡について，硫酸バリウム（$BaSO_4$）を例に説明する．$BaSO_4$ は X 線造影剤に使われることでよく知られている物質であり，天然には重晶石（バライト，barite）として国内でも産出する．$BaSO_4$ の溶解平衡は以下の式で表される．

$$BaSO_4 \rightleftharpoons Ba^{2+}_{(aq)} + SO^{2-}_{4(aq)} \tag{5.1}$$

この反応の平衡定数（K）は，酸塩基平衡などの平衡式と同様に活量（a）で表される．

$$K = \frac{a_{Ba^{2+}} \times a_{SO_4{}^{2-}}}{a_{BaSO_4}} \tag{5.2}$$

定義により固体 $BaSO_4$ の活量は 1 である．また，難溶性のイオン化合物が生成するイオン濃度は十分低く，イオン活量はモル濃度に近似できるので，式（5.2）の平衡定数は下式のようにバリウムイオン（Ba^{2+}）と硫酸イオン（$SO_4{}^{2-}$）のモル濃度の積で表現できる．

$$K_{sp} = [Ba^{2+}][SO_4{}^{2-}] = 1.3 \times 10^{-10} \tag{5.3}$$

48 第5章 環境水中の溶存物質

表 5.1 25℃における難溶性塩の溶解度積

化合物	溶解度積	化合物	溶解度積	化合物	溶解度積	化合物	溶解度積
AgBr	5.2×10^{-13}	CaC_2O_4	1.3×10^{-9}	$Fe(OH)_3$	1.26×10^{-38}	NiS	3.0×10^{-21}
AgCN	1.2×10^{-16}	$CaCrO_4$	7.1×10^{-4}	FeS	4.0×10^{-19}	$PbCl_2$	1.6×10^{-5}
AgCl	1.7×10^{-10}	CaF_2	4.9×10^{-11}	Hg_2Br_2	5.8×10^{-23}	$Pb(OH)_2$	1.6×10^{-7}
Ag_2CrO_4	2.4×10^{-12}	$Ca(OH)_2$	5.5×10^{-6}	Hg_2Cl_2	1.0×10^{-17}	PbS	8.0×10^{-28}
AgI	8.3×10^{-17}	$CaSO_4$	1.2×10^{-6}	Hg_2I_2	4.5×10^{-29}	PtS	8.0×10^{-73}
Ag_2S	6.0×10^{-50}	CdS	2.0×10^{-28}	HgS	4.0×10^{-53}	SnS	1.0×10^{-25}
$Al(OH)_3$	2.0×10^{-32}	CoS	5.0×10^{-22}	$Mg(OH)_2$	1.8×10^{-11}	$SrCrO_4$	3.6×10^{-5}
$Ba(OH)_2$	5.0×10^{-3}	$Cr(OH)_3$	6.7×10^{-31}	MgC_2O_4	8.6×10^{-5}	$Sr(OH)_2$	3.2×10^{-4}
$BaCrO_4$	1.3×10^{-10}	$Cu(OH)_2$	2.2×10^{-20}	MgF_2	6.5×10^{-9}	$SrSO_4$	3.2×10^{-7}
$BaSO_4$	1.3×10^{-10}	CuS	6.0×10^{-36}	$Mn(OH)_2$	1.9×10^{-13}	$Zn(OH)_2$	1.2×10^{-17}
$CaCO_3$	9.9×10^{-9}	$Fe(OH)_2$	8.0×10^{-16}	MnS	3.0×10^{-13}	ZnS	3.0×10^{-22}

ここで，定数 K_{sp} は**溶解度積**（solubility product）といわれ，化合物ごとに固有の値をとる．一般に，K_{sp} の値が 10^{-4} 以下の物質を難溶性塩という．表 5.1 に代表的な難溶性物質の溶解度積を示す．

物質の溶解性を表すのに，高等学校では溶媒 100 g あたりに溶解した化合物の質量を溶解度と習う．より実用的に，水の密度を $1\,g\,mL^{-1}$ として水 100 mL あたりに溶解した物質量（g/100 mL）で表すことも多い．それでは，溶解度と溶解度積のつながりをみてみよう．

Ba^{2+} と SO_4^{2-} が 1 mol ずつ反応して 1 mol の $BaSO_4$ が生成するので，$BaSO_4$ の溶解度を S とすると，

$$K_{sp} = [Ba^{2+}][SO_4^{2-}] = S \times S = S^2 \tag{5.4}$$

と書ける．したがって，$BaSO_4$ の溶解度を溶解度積から求めると，

$$S = \sqrt{K_{sp}} = \sqrt{1.3 \times 10^{-10}} = 1.14 \times 10^{-5}\,mol\,L^{-1} \tag{5.5}$$

になる．25℃における $BaSO_4$（式量 $233.4\ g\,mol^{-1}$）の溶解度は 100 mL あたり 0.245 mg であるので，溶解度から溶解度積を求めるには，これらの数値を式 (5.4) に代入すればよい．

$$K_{sp} = \left(\frac{2.45 \times 10^{-3}\,g\,L^{-1}}{233.4\,g\,mol^{-1}} \right)^2 = 1.10 \times 10^{-10} \tag{5.6}$$

式 (5.5) から $BaSO_4$ 飽和溶液中に溶解している Ba^{2+} と SO_4^{2-} の濃度は $1.14 \times 10^{-5}\,mol\,L^{-1}$ であるので，純水で飽和させた溶液中の Ba^{2+}（原子量 137.3）濃度は $1.57\,mg\,L^{-1}$ になる．実例と照らしてみると，石川県金沢市を流れる犀川には SO_4^{2-} 濃度が平均 $3.94\,mg\,L^{-1}$（$= 41\,\mu mol\,L^{-1}$)[1] 含まれている．日本の河川水に含まれる SO_4^{2-} 濃度の平均値は $10\,mg\,L^{-1}$ であるので，犀川に含まれる SO_4^{2-} 濃度はやや低いが，いずれにしても SO_4^{2-} 濃度を考慮すると犀川河川水中に含まれる Ba^{2+} 濃度は，

$$[Ba^{2+}] = \frac{K_{sp}}{[SO_4^{2-}]} = 3.16 \times 10^{-6}\,mol\,L^{-1}\,(= 0.433\,mg\,L^{-1}) \tag{5.7}$$

---

[1] 未発表．石川県大桑町で 2015（平成 27）年に月 1 回 12 回測定した平均値．Ba^{2+} 濃度についても同様．

となり，純水のときよりも溶解度が下がる．この現象を共通イオン効果という．実際の犀川河川水中の Ba^{2+} の平均濃度は，$7.71\,\mu g\,L^{-1}$ と溶解度積の値から算出される濃度よりも2桁ほど低く，飽和濃度には達していない．

5.3.2 溶解度に及ぼす要因

前項で犀川河川水中の Ba^{2+} 濃度を溶解度積から計算したが，環境水中の溶存金属イオン濃度の測定値を溶解度積からの理論値と比較検討するには注意が必要である．すなわち，物質の溶解度はいろいろな要因に影響されることを理解しておく必要がある．最も重要なのは pH と温度であるが，それ以外に共存物質についても注意しなければならない．フミン酸やフルボ酸のような官能基をいくつも有する物質は，金属イオンと強く結合して加水分解による沈殿生成を妨げるはたらきをする．このような作用をマスキング作用という．フミン酸は天然物であるが，マスキング作用を有する人為起源物質として錆取り剤などが考えられる．錆取り剤には，リン酸やクエン酸が含まれている．金属酸化物である錆を可溶化（イオン化）して除去するのが錆取り剤の効果であるので，錆取り剤自体には重金属イオンは含まれていないが，これらの物質が多量に河川に流出すると，底泥中に水酸化物あるいは硫化物や炭酸塩として固定されていた重金属が溶解することにより，重金属汚染が発生する原因になる．

マンガンや鉄は，酸化的雰囲気の水塊中では加水分解して水和酸化物となってコロイド粒子を形成する．コロイド粒子の大きさは凝集するにつれて連続的に成長し，ある程度大きくなったところで沈殿する．コロイド粒子の粒径は $1\,nm \sim 1\,\mu m$ といわれており，イオンとは違って溶解しているわけではないが，沈殿せずに水中を漂っているので，水質分析するときの前処理で沪過されない粒子も存在する．ちなみに水質分析の分野では沪過操作に基づいて，沪過されないコロイド粒子とイオン種を合わせて**溶存態**（dissolved），沪過されるコロイド粒子と不溶性物質をひっくるめて**懸濁態**（suspended）と分類する．コロイド粒子が凝集して粒子成長し沈殿するには表面電荷の中和が必要で，溶解度積とはまた別の要因に影響される．

5.3.3 溶解度に及ぼす pH の影響

難溶性塩は金属イオン（M^{n+}）と陰イオン（A^-）のイオン会合体であり，塩（MA_n）の生成は M^{n+} と H^+ の競争反応であるので，当然 pH の影響を受ける．

$$M^{n+} + n\,A^- \rightleftharpoons MA_n\downarrow \tag{5.8}$$

$$H^+ + A^- \rightleftharpoons HA \tag{5.9}$$

水素イオン濃度が高くなるほど反応式 (5.9) が優先するので，M^{n+} は沈殿しにくくなる．余談ながら，反応式 (5.8) はルイス（Lewis）の酸塩基反応でもあるので，塩の安定性は両イオンの硬さと軟らかさにも支配される（7.3.2 項参照）．たとえば，塩化銀（AgCl），臭化銀（AgBr），ヨウ化銀（AgI）はいずれも難溶性塩であるが，フッ化銀（AgF）は水溶性塩である．

それでは具体例として，pH が $BaSO_4$ とケイ酸，$CaCO_3$ の溶解に与える影響をみてみよう．

50   第 5 章　環境水中の溶存物質

A.　$BaSO_4$ の溶解

硫酸は 2 段階に解離し，1 段目は完全解離するが 2 段目の硫酸水素イオン（$HSO_4{}^-$）は酸解離定数が存在するので，水素イオン濃度に影響される．

$$H_2SO_4 \rightleftharpoons H^+ + HSO_4{}^- \tag{5.10}$$

$$HSO_4{}^- \rightleftharpoons H^+ + SO_4{}^{2-} \tag{5.11}$$

$$K_2 = \frac{[SO_4{}^{2-}][H^+]}{[HSO_4{}^-]} = 10^{-1.96} \tag{5.12}$$

pH 1.96 付近での $SO_4{}^{2-}$ の存在割合を α とすると，次式で表せる．

$$\alpha = \frac{[SO_4{}^{2-}]}{[SO_4{}^{2-}] + [HSO_4{}^-]} = \frac{1}{1 + \frac{[HSO_4{}^-]}{[SO_4{}^{2-}]}} \tag{5.13}$$

式（5.12）を式（5.13）に代入すると，

$$\alpha = \frac{1}{1 + \frac{[H^+]}{K_2}} \tag{5.14}$$

となるので $BaSO_4$ の溶解度積の式は，以下のように変形できる．

$$K_{sp} = [Ba^{2+}][SO_4{}^{2-}] = [Ba^{2+}]([SO_4{}^{2-}] + [HSO_4{}^-]) \times \frac{1}{1 + \frac{[H^+]}{K_2}} = [Ba^{2+}]^2 \times \frac{1}{1 + \frac{[H^+]}{K_2}} \tag{5.15}$$

両辺の対数をとると，

$$\log K_{sp} = \log [Ba^{2+}]^2 + \log \frac{1}{1 + \frac{[H^+]}{K_2}} \cong 2 \log [Ba^{2+}] - \log [H^+] + \log K_2 \tag{5.16}$$

K_{sp} と K_2 の数値を代入して変形すると，次式が得られる．

$$\log [Ba^{2+}] = \frac{1}{2} \left(\log K_{sp} - \log \frac{1}{1 + \frac{[H^+]}{K_2}} \right) \cong \frac{1}{2} (-9.89 - (-1.96)) - \frac{1}{2} pH = -3.96 - 0.5 \times pH \tag{5.17}$$

式（5.17）をグラフにすると，$BaSO_4$ の溶解に及ぼす pH の影響が図示される（図 5.3）．数値計算上 pH の値が大きくなるにつれて，Ba^{2+} 濃度は減少し続けるが，実際には pH 1.96 以上では $HSO_4{}^-$ の割合は無視できるので，$\log [Ba^{2+}] = (1/2) \times (-9.89) = -4.94$ のように一定になる．

B.　ケイ酸の溶解

ケイ酸は，水溶液中ではオルトケイ酸（H_4SiO_4），メタケイ酸（H_2SiO_3），メタ二ケイ酸（$H_2Si_2O_5$）などの混合物として存在しており，一般式 $(SiO_2)_m(H_2O)_n$ で表されるべきものであるが，ここでは簡便のため H_4SiO_4 とする．なお，環境化学の分野ではケイ酸濃度を SiO_2（mg L^{-1}）として表すことが多い．

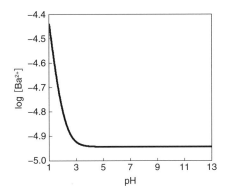

図 5.3　BaSO$_4$ の溶解度と pH の相関

二酸化ケイ素は水に溶解してオルトケイ酸を生成する．

$$SiO_2 + 2\,H_2O \rightleftharpoons H_4SiO_4 \tag{5.18}$$

H$_4$SiO$_4$ の溶解度積は，

$$K_{sp} = 1 \times 10^{-4}\,mol\,L^{-1} \tag{5.19}$$

で与えられる．溶解度積の値は大きいが，縮合によってコロイド粒子が成長して沈殿するので，多くの塩と違って過飽和の溶液であっても，沈殿の生成速度は遅い．H$_4$SiO$_4$ の脱プロトン化反応は，

$$H_4SiO_4 \rightleftharpoons H^+ + H_3SiO_4^- \tag{5.20}$$

であり，その酸解離定数（岡崎，坂本，1990）は式（5.21）で表される．

$$K_1 = \frac{[H_3SiO_4^-][H^+]}{[H_4SiO_4]} = 10^{-9.6} \tag{5.21}$$

pH 9.6 以上ではオルトケイ酸はイオン化して，溶解しやすくなる．その様子をグラフにしてみよう．式（5.21）の両辺対数をとると，式（5.22）に変形できる．

$$\log K_1 = \log\frac{[H_3SiO_4^-]}{[H_4SiO_4]} + \log[H^+] \tag{5.22}$$

$$\log\frac{[H_3SiO_4^-]}{[H_4SiO_4]} = -9.6 + pH \tag{5.23}$$

H$_4$SiO$_4$ の溶解度積の値を式（5.23）に入れ，SiO$_2$ の溶解度 S を $S = [H_4SiO_4] + [H_3SiO_4^-] + [H_2SiO_4^{2-}]$ として，$\log S$ と pH の相関を図 5.4 に示す．pH 9.6 以上で濃度は急激に上昇するが，pH 9.6 以下では主要なケイ酸化学種は H$_4$SiO$_4$ であるので，ケイ酸濃度は H$_4$SiO$_4$ の溶解度積の値で一定となる．メスフラスコなどガラス栓の容器に塩基性の溶液を入れて放置しておくと栓が取れなくなるのは，容器のガラスが溶解するからで，この原理に基づいている．pH をさらに上げると第 2 段階目の脱プロトン化が起こり，ケイ酸の溶解はさらに著しくなる（岡崎，坂本，1990）．

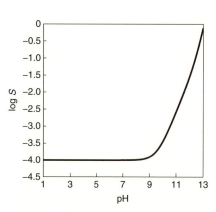

図 5.4 ケイ酸の溶解度と pH の相関

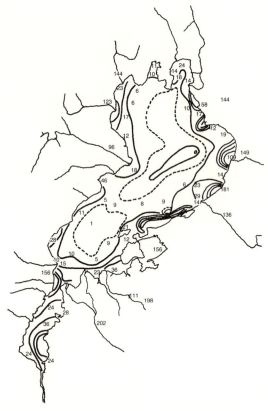

図 5.5 春期における琵琶湖のケイ酸の水平分布
(藤永, 1982) より.

$$K_2 = \frac{[\text{H}_2\text{SiO}_4{}^{2-}][\text{H}^+]}{[\text{H}_3\text{SiO}_4{}^-]} = 10^{-12.7} \tag{5.24}$$

pH 9.6 以下では H_4SiO_4 が，pH 9.6 以上では $\text{H}_3\text{SiO}_4{}^-$，さらに pH 12.7 以上では $\text{H}_2\text{SiO}_4{}^{2-}$ が主要な化学種として存在する．

春期琵琶湖におけるケイ酸濃度を水平的に観測した結果を図 5.5 に示す．河川水中では 100 μmol L^{-1} 以上あったケイ酸が琵琶湖に流入すると湖心方向に向かって濃度が急激に減少している様子がわかる．この理由ははっきりとはわからないが，湖水による希釈という物理的効果とケイ酸分子の重合や粘土粒子への吸着などの化学的過程，さらにケイ藻による取込みといった生物学的過程の複合効果と考えられる．表 5.2 は，日本の河川と世界の河川の平均組成を比較したものであるが，日本の河川は平均的にみてケイ酸濃度が高いことがわかる．小林 (1955) は，日本の地形が急峻で河川の流れが速いことと火山性の鉱物が多いことを理由に挙げている．

河川水中のケイ酸の挙動についてさらに詳しく知りたい人のために，章末に参考書 (古米ほか, 2012) を記載したので，参考にされたい．

表 5.2　日本と世界の河川の平均組成

成　分	日本平均 (%)	世界平均 (%) クラーク (Clark)
Ca	12.46	20.39
Mg	2.70	3.41
Na	9.41	5.79
K	1.68	2.12
CO_3	21.60	35.15
SO_4	14.90	12.14
Cl	8.21	5.68
NO_3	1.63	0.90
SiO_2	26.84	11.67
Fe_2O_3	0.48	2.75
総塩分量	$70.7\,\mathrm{mg\,L^{-1}}$	$100\,\mathrm{mg\,L^{-1}}$

(小林, 1955) に一部加筆.

C.　$CaCO_3$ の溶解

$CaCO_3$ の溶解と沈殿は，大気中から温室効果ガスである CO_2 の除去とサンゴ礁の形成，岩石の風化といった地球環境に大きな影響を与える要因なので，合わせて紹介する.

$$CaCO_3 \rightleftharpoons Ca^{2+}_{(aq)} + CO_3{}^{2-}_{(aq)} \tag{5.25}$$

$$K_{sp} = [Ca^{2+}][CO_3{}^{2-}] = 9.9 \times 10^{-9} = 10^{-8.00} \tag{5.26}$$

$CaCO_3$ の溶解は $BaSO_4$ と似ているが，$CO_3{}^{2-}_{(aq)}$ 濃度が大気中の CO_2 濃度と平衡になっているので，それを考慮しなければならない点が異なる．$CO_3{}^{2-}_{(aq)}$ の生成には溶解（反応式 (5.27)），H_2CO_3 の生成（反応式 (5.28)），脱プロトン化（反応式 (5.29)，(5.30)）が関与する．各反応を，ヘンリー定数 K_H と酸解離定数 K_1, K_2 の式と合わせて下に示す.

$$CO_{2(g)} \rightleftharpoons CO_{2(aq)} \qquad K_H = \frac{[CO_2]}{p_{CO_2}} \tag{5.27}$$

$$CO_{2(aq)} + H_2O \rightleftharpoons H_2CO_3 \tag{5.28}$$

$$H_2CO_3 \rightleftharpoons H^+ + HCO_3{}^- \qquad K_1 = \frac{[HCO_3{}^-][H^+]}{[H_2CO_3]} = 10^{-6.35} \tag{5.29}$$

$$HCO_3{}^- \rightleftharpoons H^+ + CO_3{}^{2-} \qquad K_2 = \frac{[CO_3{}^{2-}][H^+]}{[HCO_3{}^-]} = 10^{-10.33} \tag{5.30}$$

ここで，水中に溶解した CO_2 は速やかに H_2CO_3 に変化するので，ヘンリー定数は，

$$K_H = \frac{[H_2CO_3]}{p_{CO_2}} \tag{5.31}$$

と書き替えられる．一方，H_2CO_3 の全脱プロトン化過程は

$$H_2CO_3 \rightleftharpoons 2H^+ + CO_3{}^{2-} \tag{5.32}$$

であるので，その平衡定数 K は式 (5.33) で与えられる.

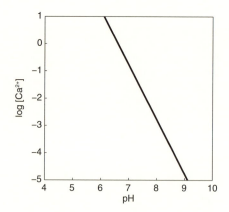

図 5.6 炭酸カルシウムの溶解度と pH の相関

$$K = K_1 \times K_2 = \frac{[\text{CO}_3{}^{2-}][\text{H}^+]^2}{[\text{H}_2\text{CO}_3]} = 10^{-16.68} \tag{5.33}$$

$$[\text{CO}_3{}^{2-}] = \frac{K \times [\text{H}_2\text{CO}_3]}{[\text{H}^+]^2} = \frac{K \times K_\text{H} \times p_{\text{CO}_2}}{[\text{H}^+]^2} \tag{5.34}$$

式 (5.26) に $[\text{CO}_3{}^{2-}]$ 項を代入すれば，溶解度を求めることができる．

$$[\text{Ca}^{2+}] = \frac{K_\text{sp}}{[\text{CO}_3{}^{2-}]} = \frac{K_\text{sp} \times [\text{H}^+]^2}{K \times K_\text{H} \times p_{\text{CO}_2}} \tag{5.35}$$

式 (5.35) の両辺対数をとり，各平衡定数の数値を代入すると式 (5.36) が得られる．p_{CO_2} については，CO_2 の 2014 年の世界の大気中平均濃度は 397.7 ppm であるので，3.98×10^{-4} ($10^{-3.40}$) atm を代入する（気象庁，2015）．

$$\begin{aligned}
\log[\text{Ca}^{2+}] &= \log K_\text{sp} + 2\log[\text{H}^+] - \log K - \log K_\text{H} - \log P_{\text{CO}_2} \\
&= -8.00 - (-6.35) - (-10.33) - (-1.47) - (-3.40) + 2\log[\text{H}^+] \\
&= 13.55 - 2\,\text{pH}
\end{aligned} \tag{5.36}$$

図 5.6 は式 (5.36) をグラフ化したものである．pH の低下に伴って CaCO_3 の溶解度が急激に増加しており，貝殻を形成する腹足類やサンゴが生息する環境水の pH は 7〜8 にあるので，pH が低下すると大きな影響を受けることがわかる（4.8 節参照）．

D. 金属イオンの加水分解反応

水中に溶解している金属イオンは水分子が配位した水和（アクア）錯体となっており，金属イオンはルイス酸性があるので水和水を強く引きつけ，水和している水分子を分極させてプロトンを放出する．すなわち弱酸としてはたらく．余談だが，金属イオンに配位する水分子とアクア錯体からプロトンを受け取る水分子は塩基としてはたらいている．Li^+，Na^+，K^+，Mg^{2+}，Ca^{2+}，Ba^{2+} は水分子と水和するだけで，加水分解反応は起こさない．これら以外の Fe^{3+} や Al^{3+} のような大きな電荷をもつ小さな（電荷密度の高い）イオンのアクア錯体，$[\text{Al}(\text{H}_2\text{O})_6]^{3+}$ や $[\text{Fe}(\text{H}_2\text{O})_6]^{3+}$ などは，とくに加水分解反応を起こしやすい．

$$[Al(H_2O)_6]^{3+} + H_2O \rightleftharpoons [Al(H_2O)_5(OH)]^{2+} + H_3O^+ \tag{5.37}$$

$[Al(H_2O)_6]^{3+}$ は溶液中の pH が高くなるにつれて，配位している水分子からプロトンを放出して最終的に水酸化物として沈殿する．この現象は，水和水を分解して水素イオンと水酸化物イオンを生成しているようにみえるので，**加水分解**（hydrolysis）とよばれる．通常は水中で金属イオンは水和錯体として存在していることを理解したうえで，簡便のために遊離イオンとして表現する．すなわち，式 (5.37) の反応は以下のように書かれる．

$$Al^{3+} + H_2O \rightleftharpoons [AlOH]^{2+} + H_3O^+$$

以上の理由により，金属元素の水酸化物の溶解度は pH と密接に関連する．

Fe(OH)$_3$ の場合をみてみよう．Fe(OH)$_3$ の水溶液中では，次の 2 つの平衡が起こっている．

$$Fe(OH)_3 \rightleftharpoons Fe^{3+}_{(aq)} + 3\,OH^-_{(aq)} \qquad K_{sp} = [Fe^{3+}][OH^-]^3 = 1.26 \times 10^{-38} \tag{5.38}$$

$$H_2O \rightleftharpoons H^+ + OH^- \qquad K_w = [H^+][OH^-] = 10^{-14} \tag{5.39}$$

式 (5.38) と式 (5.39) の両辺の対数を取ると，以下のように変形できる．

$$\log K_{sp} = \log [Fe^{3+}] + 3 \log [OH^-] \tag{5.40}$$

$$\log K_w = \log [H^+] + \log [OH^-] \tag{5.41}$$

式 (5.41) を式 (5.40) に代入すると，式 (5.42) が得られる．

$$\log K_{sp} = \log [Fe^{3+}] + 3 \times (\log K_w - \log [H^+]) \tag{5.42}$$

ここで，$3 \times (\log K_w - \log [H^+])$ 項を左辺に移項する．

$$\log [Fe^{3+}] = \log K_{sp} - 3 \times (\log K_w - \log [H^+]) = -37.9 - 3 \times (-14) + 3 \log [H^+]$$
$$= 4.10 - 3\,pH \tag{5.43}$$

このように $\log [Fe^{3+}]$ と pH は線形関係にあり，$\log [Fe^{3+}]$ を pH に対してプロットすると，傾き -3 の直線が図示できる．2 価の金属イオンについても同様の関係が求められ，その直線の傾きは -2 になる．いくつかの金属イオンの溶液中濃度と pH の関係を図 5.7 に示す．Fe^{2+} と Fe^{3+} の溶解度が顕著に異なり，そのことが環境水中で溶存酸素（dissolved oxygen：DO）濃度に応じて鉄が沈殿したり底泥中から溶出したりする原因となっていることに，とくに注意されたい．

E. 金属硫化物の沈殿

海水中に含まれる SO_4^{2-} は還元的雰囲気下で微生物によって硫化水素（H_2S）に還元される．H_2S のおもな特徴は，卵が腐ったような臭い（腐卵臭）を呈すことや生物に対して強毒性

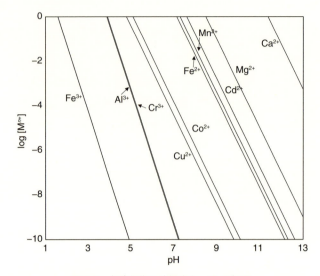

図 5.7 水酸化物の溶解度と pH の相関

を示すこと，さらには化学的に強い還元作用をもつことである．また，H_2S と金属イオンとの反応によって生じる金属硫化物は難溶性であることや，pH によって沈殿する金属硫化物の種類が違うことを利用し，H_2S は陽イオンの系統分析の際の分属試薬として用いられる．たとえば，定性分析化学の系統分離で第 2 属に分類される鉛(II)（Pb^{2+}），カドミウム（Cd^{2+}），銅(II)（Cu^{2+}），水銀(II)（Hg^{2+}），スズ(II)（Sn^{2+}）の各イオンは，塩酸酸性条件下で H_2S を加えて硫化物の沈殿を生じさせ，分離する．また，第 4 属の分離では，アンモニア塩基性条件下で H_2S を加えてコバルト(II)（Co^{2+}），亜鉛（Zn^{2+}），マンガン(II)（Mn^{2+}）やニッケル（Ni^{2+}）などのイオンを硫化物の沈殿として分離する．このように，H_2S は有毒物質である一方で，分析化学においてきわめて重要な物質といえる．

(i) H_2S の平衡定数　　H_2S の平衡定数についてみてみる．H_2S は弱酸であり，水中で次の 2 段階に電離する．

$$H_2S \rightleftharpoons H^+ + HS^- \tag{5.44}$$

$$HS^- \rightleftharpoons H^+ + S^{2-} \tag{5.45}$$

それぞれの解離定数 K_1，K_2 は次式で表される．

$$K_1 = \frac{[H^+][HS^-]}{[H_2S]} = 9.1 \times 10^{-8} \tag{5.46}$$

$$K_2 = \frac{[H^+][S^{2-}]}{[HS^-]} = 1.3 \times 10^{-14} \tag{5.47}$$

ここで式 (5.44) と式 (5.45) から，

$$H_2S \rightleftharpoons 2H^+ + S^{2-} \tag{5.48}$$

また，式 (5.46) と式 (5.47) から

$$K_1 K_2 = \frac{[H^+][HS^-]}{[H_2S]} \times \frac{[H^+][S^{2-}]}{[HS^-]} = \frac{[H^+]^2[S^{2-}]}{[H_2S]} = K_s \tag{5.49}$$

となり，K_s は以下で求められる．

$$K_s = K_1 K_2 = (9.1 \times 10^{-8}) \times (1.3 \times 10^{-14}) = 1.2 \times 10^{-21} \tag{5.50}$$

H_2S の水に対するモル溶解度は，常温常圧において $0.1\,\mathrm{mol\,L^{-1}}$ であるので，

$$[H^+]^2[S^{2-}] = K_s[H_2S] = 1.2 \times 10^{-21} \times 0.1$$

$$\text{よって，} \quad [S^{2-}] = \frac{1.2 \times 10^{-22}}{[H^+]^2} \tag{5.51}$$

これから，H_2S 水中の $[S^{2-}]$ は溶液中の $[H^+]$ の 2 乗に反比例していることがわかる．

(ii) 硫化物沈殿の生成　　アルカリ金属やアルカリ土類金属以外の多くの金属イオンは，S^{2-} と反応して硫化物の沈殿を形成する．硫化物沈殿を形成するには，金属イオンと S^{2-} の濃度の積が硫化物の溶解度積 $K_{sp,MS}$（表 5.1）を超えればよい．

つまり，金属イオンを M^{2+} とすると，

$$M^{2+} + S^{2-} \rightleftharpoons MS$$

$$[M^{2+}][S^{2-}] > K_{sp,MS}$$

となれば沈殿が形成する．このことを以下の例題でみてみよう．

【例題 1】 $1.0 \times 10^{-4}\,\mathrm{mol\,L^{-1}}$ の Zn^{2+} を含む溶液に H_2S ガスを飽和させたとき，硫化亜鉛(II)（ZnS）を沈殿させるための pH を求めよ．

式 (5.49) より，

$$K_s = \frac{[H^+]^2[S^{2-}]}{[H_2S]} \qquad \text{これから，} \quad [S^{2-}] = \frac{K_s[H_2S]}{[H^+]^2} \tag{5.52}$$

ZnS が沈殿するためには，$[Zn^{2+}][S^{2-}] > K_{sp,ZnS}$ となればよいので，

$$[Zn^{2+}] \times \frac{K_s[H_2S]}{[H^+]^2} > K_{sp,ZnS} \tag{5.53}$$

$$1.0 \times 10^{-4} \times \frac{1.2 \times 10^{-21} \times 0.1}{[H^+]^2} > 3.0 \times 10^{-22} \tag{5.54}$$

$$[H^+]^2 < 4.0 \times 10^{-5} \tag{5.55}$$

$$[H^+] < 6.3 \times 10^{-3} \tag{5.56}$$

$$pH = -\log[H^+] = 2.2 \tag{5.57}$$

よって，pH > 2.2 であれば ZnS が沈殿する．

表 5.3 硫化物沈殿が生じる下限 pH

		沈殿が生じる下限 pH
	Ag$_2$S	-9.7
第 2 属	PbS	-0.6
	CdS	-0.9
	CuS	-4.7
	HgS	-13.2
	SnS	-0.5
第 4 属	CoS	2.3
	ZnS	2.2
	MnS	6.7
	NiS	2.7
	FeS	3.8

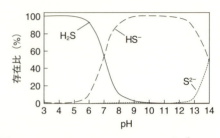

図 5.8 pH による H$_2$S, HS$^-$ および S^{2-} の存在比

例題 1 に従って金属硫化物沈殿が生じる下限の pH を計算すると，第 2 属（Pb^{2+}, Cd^{2+}, Cu^{2+}, Hg^{2+}, Sn^{2+}）は pH 1 以下であるのに対し，第 4 属（Co^{2+}, Zn^{2+}, Mn^{2+}, Ni^{2+}）は pH を 2 以上にしないと沈殿が生じないことがわかる（表 5.3）．第 2 属に分類される金属イオンの分離が塩酸酸性条件下で行われるのはこのためである．

【例題 2】H$_2$S の pK_1 と pK_2 をそれぞれ 7.0 および 14 とする．0.1 mol L^{-1} の H$_2$S 水溶液の pH を 3 または 9 にしたときの [S^{2-}] を求めよ．

式 (5.52) に [H$^+$] = 1.0×10^{-3} (pH 3 のときの水素イオン濃度) と [H$^+$] = 1.0×10^{-9} (pH 9 のときの水素イオン濃度) を代入すると

① pH 3 のとき

$$[S^{2-}] = \frac{K_s[H_2S]}{[H^+]^2} = \frac{1.0 \times 10^{-21} \times 0.1}{(1.0 \times 10^{-3})^2} = 1.0 \times 10^{-16} \text{ mol L}^{-1}$$

② pH 9 のとき

$$[S^{2-}] = \frac{K_s[H_2S]}{[H^+]^2} = \frac{1.0 \times 10^{-21} \times 0.1}{(1.0 \times 10^{-9})^2} = 1.0 \times 10^{-4} \text{ mol L}^{-1}$$

★ポイント：H$_2$S の電離はごくわずかであるため，[H$_2$S] ≒ 0.1 mol L^{-1} とみなすことができる．また，例題 2 の条件と式 (5.52) から [HS$^-$] を導き出すと，それぞれの pH における H$_2$S, HS$^-$, S^{2-} の存在比は図 5.8 のようになる．

環境水の pH 範囲（6～9）では，H$_2$S はおもに H$_2$S と HS$^-$ として存在し，S^{2-} はごくわずかであることがわかる．

(iii) Fe^{2+} 濃度の H$_2$S 制限　それでは，環境水における H$_2$S 存在下の Fe^{2+} の挙動をみてみよう．図 5.9 は中海彦名沖浚渫後窪地（中海窪地）における，月ごとの H$_2$S 濃度と Fe^{2+} 濃度の相関を表したグラフである．図中の太実線は，溶解度から算出した各 H$_2$S 濃度における Fe^{2+} 濃度の計算値を表している．H$_2$S 濃度がおよそ 3 mgS L^{-1} であった 5 月には，Fe^{2+} 濃度はおよそ 0.45 mgFe L^{-1} であった．その後，H$_2$S 濃度の上昇に伴い鉄の濃度が指数関数的に減少しているのがわかる．このことから，H$_2$S 存在下における金属イオンの濃度は，H$_2$S 濃度に支配されていることがわかる．

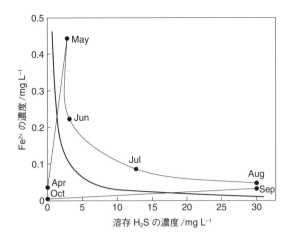

図 5.9 中海窪地の湖底直上水における Fe^{2+} 濃度と H_2S 濃度
(Okumura et al., 2009) より.

第5章 演習問題

問 1 海水には SO_4^{2-} が $28.0\,\mathrm{mmol\,L^{-1}}$ 溶けている.海水中の Ba^{2+} 濃度は,最大 $130\,\mathrm{nmol\,L^{-1}}$ である.これは理論値を超えているか,いないか,説明せよ.ただし,海水のような濃厚溶液中では遮蔽効果のために SO_4^{2-} と Ba^{2+} の活量係数は約 0.23 になるが,ここでは簡便のため 1 として計算せよ.

問 2 H_2S の平衡定数 K_1 と K_2 をそれぞれ $K_1 = 9.1 \times 10^{-8}\,\mathrm{mol\,L^{-1}}$ および $K_2 = 1.3 \times 10^{-14}\,\mathrm{mol\,L^{-1}}$ とする.また,pH によらず H_2S の水に対する溶解度は $0.1\,\mathrm{mol\,L^{-1}}$ とする.
(a) $0.1\,\mathrm{mol\,L^{-1}}$ の H_2S 水溶液の pH を求めよ.
(b) Fe^{2+}, Zn^{2+} および Cu^{2+} がそれぞれ $0.1\,\mathrm{mmol\,L^{-1}}$ ずつ含まれる混合水溶液に,pH を 2 または 8 に保ったまま H_2S を十分に通じた場合に生じる沈殿物を理由とともに答えよ.

第5章 文　献

藤永太一郎（1982），『琵琶湖の環境化学』，p.78, 日本学術振興会.
古米弘明ほか（2012）『ケイ酸—その由来と行方』，技報堂出版, 181pp.
気象庁（2015）WMO 温室効果ガス年報第 11 号, p.1.
小林 純（1955）農学研究, **48**, 63–106.
岡崎 敏, 坂本一光（1990）『溶媒とイオン』，p.360, 谷口出版.
Okumura, M., et al.（2009）*Verh. Internat. Berein. Linol.*, **30**, 1107–1110.

第6章

陸水中の酸化還元

6.1 はじめに

　酸素はたいへん酸化力が強く，大気と接触している環境では空気酸化が進みやすい．野外の銅像が酸化されて表面に緑色の緑青が発生したり，鉄くぎが錆びて表面が茶色くなるのは日常的に見られる現象である．さらに大事なことは高等生物が生きられるのは酸素のある世界に限られており，水中でも同様である．一方，空気と遮断された環境では高等生物は生息できず，水塊中の溶存酸素（dissolved oxygen：DO）がなくなれば，鉄は Fe^{3+} から Fe^{2+} へ，マンガンは Mn^{4+} から Mn^{2+} へと微生物的に還元される．空気のない世界の代表は地中であり，そこは空気と遮断されているために，土壌中の鉄が地下水によって Fe^{2+} として溶出して地中を移動し，地表に現れて空気と接触することで酸化されて茶褐色の水酸化鉄(Ⅲ)[1] に変化し，茶色く濁る湧水や温泉水として人目にふれる．空気と接触している水域であっても，水の交換が悪い停滞性の水域では，ときに底層で水中の DO が有機物の分解によって消費されてなくなり，貧酸素あるいは無酸素の水塊が発生する．水塊が無酸素になると，水中の Fe^{2+} や Mn^{2+} 濃度が高まって，それに付随していろいろな現象が起こる．さらに，水塊の還元的な状態が強まれば，最終的には硫化水素（H_2S）やメタン（CH_4）が発生するようになる．

　DO 濃度の高い状態をその水塊は酸化的（oxic）環境であるとか，DO 濃度の低いあるいは DO がない状態（anoxic）を還元的環境である，というようないい方をするが，その水塊の酸化還元電位（oxidation-reduction potential：ORP）を測定すれば，どの程度還元的になっているのかを簡単に知ることができ，それによって水塊の中で起こっている化学的変化を推測することができる．ちなみに，還元的環境を嫌気的環境，酸化的環境を好気的環境ということもある．両者はほとんど同様の意味で使われており，本書でも両方の表現を使っている（9.6 節）．

　本章では，水中の ORP の変化に伴ってどのような現象が起こるのかを解説する．

---

[1] $Fe(OH)_3$ の組成をもった水酸化鉄(Ⅲ) という物質は存在せず，厳密には $Fe_2O_3 \cdot n\,H_2O$ で表される水和酸化鉄(Ⅲ) と表現するべきであるが，本書では慣用的に水酸化鉄(Ⅲ) あるいは $Fe(OH)_3$ の表現を使う．現実には存在しないプロトン（H^+）を用いるのと同じことである．

62   第 6 章　陸水中の酸化還元

6.2　酸化と還元

　高等学校では，物質が酸素と化合することを酸化，物質から酸素が除去される過程を還元と習う．たとえば反応式 (6.1) のマグネシウム（Mg）の燃焼を例にすると，正反応が酸化で逆反応が還元であるというような説明になりがちで，正反応では Mg が酸化される酸化反応だけが，逆反応では酸化マグネシウム（MgO）の還元反応のみが起こっているかのような誤解をしやすい．

$$2\,Mg + O_2 \underset{\text{還元}}{\overset{\text{酸化}}{\rightleftharpoons}} 2\,MgO \tag{6.1}$$

電子の移動に基づく解釈では，化学種が電子を放出する過程が酸化であり，電子を受け取る過程が還元である．上の反応 (6.1) を素反応に分けて記述すると，酸化反応と還元反応の 2 つの半反応が同時に進行していることがよく理解できる．

$$Mg \longrightarrow Mg^{2+} + 2\,e^- \qquad \text{酸化反応} \tag{6.2}$$

$$O_2 + 4\,e^- \longrightarrow 2\,O^{2-} \qquad \text{還元反応} \tag{6.3}$$

　酸化還元反応を電子の授受で理解するには，反応式中の各元素に酸化数を書き添えるとわかりやすい．酸化反応においては電子を放出するので酸化数は増加し，還元反応では電子を受容するため減少する．この酸化数は次のルールに従って割り当てられる．

(1) 金属または単体の酸化数は 0 である．式 (6.1) 中 Mg と O_2 はともに 0 である．

(2) イオンの酸化数はイオンの価数に等しい．式 (6.2) 中の Mg^{2+} の酸化数は +2 であり，式 (6.3) 中の O^{2-} の酸化数は −2 である．

(3) フッ素（F）は電気陰性度が最大であり，フッ化ナトリウム（NaF）や六フッ化硫黄（SF_6）などの化合物中の F の酸化数は常に −1 である．

(4) 塩化水素（HCl）やアンモニア（NH_3）などの化合物中の H の酸化数は +1 とする．ただし，テトラヒドロホウ酸ナトリウム（$NaBH_4$）のような水素化物中の H は例外的に −1 とする．

(5) 化合物中の O の酸化数は，H_2O_2 などのいくつかの例外を除いて，−2 である．

(6) 中性化合物の場合は，構成元素の酸化数の総和は 0 になる．

　　（例）H_2S　$(+1) \times 2 + (-2) \times 1 = 0$,
　　　　HNO_3　$(+1) \times 1 + (+5) \times 1 + (-2) \times 3 = 0$

(7) 多原子イオンの場合は，構成元素の酸化数の総和はイオンの価数と等しくなる．

　　（例）$AlCl_4{}^-$　$(+3) \times 1 + (-1) \times 4 = -1$,
　　　　$SO_4{}^{2-}$　$(+6) \times 1 + (-2) \times 4 = -2$

　反応式 (6.1) に酸化数を書き込むと，Mg の酸化数は $0 \to +2$ に増加しているので酸化されており，O は $0 \to -2$ と減少しているので還元されていることが，半反応に分けなくても理解できる．酸化還元反応において最も大事なのは，酸化反応と還元反応は同時に起こることであ

り，どちらかだけの半反応が単独で進行することはないことである．系中で何かが酸化されていれば，その系中に何か還元されている化学種が必ず存在している．

6.3 ネルンスト式

次にいくつかの酸化還元反応を示すが，いずれも正反応が還元で，逆反応が酸化になる．

$$酸化体 + n\,e^- \rightleftharpoons 還元体 \tag{6.4}$$

$$2\,H^+ + 2\,e^- \rightleftharpoons H_{2(g)} \tag{6.5}$$

$$Fe^{3+} + e^- \rightleftharpoons Fe^{2+} \tag{6.6}$$

$$Hg^{2+} + 2\,e^- \rightleftharpoons Hg \tag{6.7}$$

海水中で，水銀（Hg）は $HgCl_2$，$HgCl_3{}^-$，$HgCl_4{}^{2-}$ などの形態で存在し，これらの化学種は水溶性であるので水中に溶存する．しかし，これらのイオン種が還元的環境の水塊に移動すると，還元的な水塊中には S^{2-} イオンが生成していることがあり，硫化水銀（HgS）となって底質上に沈殿する．また，還元されて金属水銀（Hg^0）となった場合，Hg^0 は蒸気圧が大きいため揮発して気相中に拡散していく．Fe^{3+} は，中性付近の pH の水中では $Fe(OH)_3$ として存在するが，これは難溶性であるので湖底に沈降する．ところが，還元されて $Fe(OH)_2$ となると溶解度が大きくなり，水中に溶解する（図5.7を参照）．このように，酸化体と還元体で化学的性質が大きく異なる化学種は多くあり，水塊の酸化還元状態がその水圏環境に大きな影響を及ぼすことから，これを知ることは重要である．

式（6.4）〜（6.7）で，電子を仮想的に化学種のひとつと見なして電子の濃度を $[e^-]$ すると，

$$pE = -\log[e^-] \tag{6.8}$$

と表すことができる．水中の電子濃度が高いときは pE 値が低く，式（6.4）〜（6.7）は左から右に進行する，いわゆる還元的環境にある．電子濃度が低くなると，上式は左に進みやすくそのような水塊は酸化的な環境である．

水中の電子濃度は，電極電位 E として測定でき，この電位はネルンスト（Nernst）式で表される．反応式（6.4）における ORP を表すネルンスト式は，下式になる．

$$E = E^0 + \frac{RT}{nF}\ln\frac{a_{酸化体}}{a_{還元体}} = E^0 + \frac{0.059}{n}\log\frac{[酸化体]}{[還元体]} \tag{6.9}$$

ここで，E^0 は標準酸化還元電位，R は気体定数，T は絶対温度，F はファラデー（Faraday）定数，$a_{酸化体}$ と $a_{還元体}$ はそれぞれ酸化体と還元体の活量を表している．表6.1に代表的な酸化還元対の標準酸化還元電位を示す．E^0 値が大きい酸化還元対は酸化力が強いことを，小さいものは還元力が強いことを意味している．

実験室で調製された溶液であれば，その溶液の電極電位は溶液中の酸化体と還元体の濃度比，[酸化体]/[還元体] によって決まる．さらに，その溶液に溶液中の酸化体（還元体）を還元（酸

64 第 6 章 陸水中の酸化還元

表 **6.1** 標準酸化還元電位（25℃）

電極反応	E^0/V	電極反応	E^0/V
$Li^+ + e^- \rightarrow Li$	-3.045	$S + 2H^+ + 2e^- \rightarrow H_2S_{(aq)}$	0.142
$K^+ + e^- \rightarrow K$	-2.925	$Sn^{4+} + 2e^- \rightarrow Sn^{2+}$	0.150
$Rb^+ + e^- \rightarrow Rb$	-2.925	$Cu^{2+} + e^- \rightarrow Cu^+$	0.153
$Ba^{2+} + 2e^- \rightarrow Ba$	-2.906	$SO_4{}^{2-} + 4H^+ + 2e^- \rightarrow H_2O + H_2SO_3$	0.172
$Sr^{2+} + 2e^- \rightarrow Sr$	-2.888	$AgCl + e^- \rightarrow Ag + Cl^-$	0.222
$Ca^{2+} + 2e^- \rightarrow Ca$	-2.866	$Hg_2Cl_2 + 2e^- \rightarrow 2Cl^- + 2Hg(l)$	0.268
$Na^+ + e^- \rightarrow Na$	-2.714	$Cu^{2+} + 2e^- \rightarrow Cu$	0.337
$La^{3+} + 3e^- \rightarrow La$	-2.522	$Fe(CN)_6{}^{3-} + e^- \rightarrow Fe(CN)_6{}^{4-}$	0.360
$Mg^{2+} + 2e^- \rightarrow Mg$	-2.363	$[Ag(NH_3)_2]^+ + e^- \rightarrow Ag + 2NH_3$	0.373
$Al^{3+} + 3e^- \rightarrow Al$	-1.662	$I_2 + 2e^- \rightarrow 2I^-$	0.536
$Ti^{2+} + 2e^- \rightarrow Ti$	-1.628	$Cu^{2+} + Cl^- + e^- \rightarrow CuCl$	0.538
$Mn^{2+} + 2e^- \rightarrow Mn$	-1.180	$H_3AsO_4 + 2H^+ + 2e^- \rightarrow 2H_2O + HAsO_2$	0.560
$[Cd(CN)_4]^{2-} + 2e^- \rightarrow Cd + 4CN^-$	-1.028	$Hg_2SO_4 + 2e^- \rightarrow SO_4{}^{2-} + 2Hg(l)$	0.615
$Zn^{2+} + 2e^- \rightarrow Zn$	-0.763	$O_2 + 2H^+ + 2e^- \rightarrow H_2O_{2(aq)}$	0.682
$2CO_{2(g)} + 2H^+ + 2e^- \rightarrow H_2C_2O_{4(aq)}$	-0.490	$Fe^{3+} + e^- \rightarrow Fe^{2+}$	0.771
$S + 2e^- \rightarrow S^{2-}$	-0.447	$Ag^+ + e^- \rightarrow Ag$	0.799
$Fe^{2+} + 2e^- \rightarrow Fe$	-0.440	$2Hg^{2+} + 2e^- \rightarrow Hg_2{}^{2+}$	0.920
$Cr^{3+} + e^- \rightarrow Cr^{2+}$	-0.408	$NO_3{}^- + 3H^+ + 2e^- \rightarrow HNO_2 + H_2O$	0.940
$Cd^{2+} + 2e^- \rightarrow Cd$	-0.403	$Br_{2(aq)} + 2e^- \rightarrow 2Br^-$	1.087
$[Ag(CN)_2]^- + e^- \rightarrow Ag + 2CN^-$	-0.310	$IO_3{}^- + 6H^+ + 5e^- \rightarrow (1/2)I_2 + 3H_2O$	1.195
$Co^{2+} + 2e^- \rightarrow Co$	-0.277	$Pt^{2+} + 2e^- \rightarrow Pt$	1.200
$Ni^{2+} + 2e^- \rightarrow Ni$	-0.250	$O_2 + 4H^+ + 4e^- \rightarrow 2H_2O$	1.229
$AgI + e^- \rightarrow Ag + I^-$	-0.152	$Cr_2O_7{}^{2-} + 14H^+ + 6e^- \rightarrow 2Cr^{3+} + 7H_2O$	1.330
$Sn^{2+} + 2e^- \rightarrow Sn$	-0.136	$Cl_2 + 2e^- \rightarrow 2Cl^-$	1.360
$Pb^{2+} + 2e^- \rightarrow Pb$	-0.126	$MnO_4{}^- + 8H^+ + 5e^- \rightarrow Mn^{2+} + 4H_2O$	1.510
$HgI_4{}^{2-} + 2e^- \rightarrow Hg + 4I^-$	-0.038	$BrO_3{}^- + 6H^+ + 5e^- \rightarrow (1/2)Br_2 + 3H_2O$	1.520
$2H^+ + 2e^- \rightarrow H_2$	0.000	$Ce^{4+} + e^- \rightarrow Ce^{3+}$	1.610
$AgBr + e^- \rightarrow Ag + Br^-$	0.071	$HClO + H^+ + e^- \rightarrow (1/2)Cl_2 + H_2O$	1.630
$[Co(NH_3)_6]^{3+} + e^- \rightarrow [Co(NH_3)_6]^{2+}$	0.108	$F_{2(g)} + 2e^- \rightarrow 2F^-$	2.870

化）できる試薬を添加すれば，電極電位は自由に変化させることができるので，それを利用することによって溶液中に存在する酸化体（還元体）の量を決定することもできる（酸化還元滴定）．しかし，天然水には多種多様な化学種が固有の濃度で溶存しており，ORP の値を特定の化学種に帰することはできないが，ほとんどの場合 ORP の測定値は DO に支配されると考えて間違いない．表層近くの水塊は大気から O_2 が常時供給されており，植物プランクトンの光合成も活発であるから，DO は（過）飽和になっており，したがってこのような酸化的な環境の水塊の ORP は正の大きな値を示す．一方，閉鎖性の高い湖沼の底層では有機物の分解によって O_2 が消費されやすく，そのため水塊の環境は還元的になり，ORP は負の大きな値を示すようになる．図 6.1(a) に，島根県と鳥取県にまたがる汽水湖中海の彦名沖にある，干拓事業のために土砂を採取してできた湖底の窪地において，4，5，6，9 月に DO と ORP の鉛直分布を測定した結果を示す．図から明らかなように，表水層では 4〜9 月を通して DO は過飽和になっており，ORP は大きな正の電位となっている．しかし，深水層では DO は減少し，それにつれて ORP も大きな負電位へと変化している様子が，6 月と 9 月でははっきり現れている．すなわち 4 月は，水深が深くなるにつれて DO は減少しているが 0 にはなっておらず，ORP の

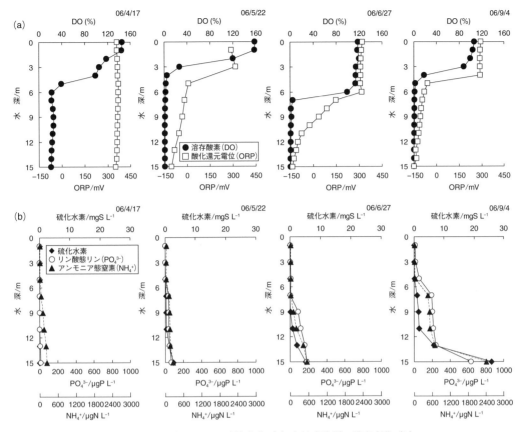

図 6.1 DO と ORP の季節変動（a）と溶存物質の濃度変化（b）
（菅原ほか，2006）をもとに作成．

値は全層で一定値となっている．季節が進むにつれて水温が上昇し，微生物による有機物の分解が活発に行われるようになると，DO が 0 の空間的な範囲が広がり，かつ 0 である期間が長期化するにつれて，ORP 値が負である領域が拡大している様子がよくわかる．

6.4 環境水中の酸化還元現象

環境水中で起こる代表的な酸化還元反応の代表例を図 6.2 に示す．水圏環境中では，生産された有機物が微生物によって分解されるが，DO の消費に伴って水塊中の ORP は，正の高い電位から負の低い電位へと次第に偏移していく．その水塊の ORP によって，起こる微生物の反応は異なる．DO が大量に存在している水塊の ORP は $+800\,\mathrm{mV}$ と高い値であり，このような水塊中では酸素呼吸反応を営む生物によって有機物が分解される（好気的分解あるいは好気的酸化）．DO が消費されるのに伴って ORP が下がれば，マンガン還元細菌による Mn^{4+} の還元が始まる．ORP がさらに低下するにつれて順次，脱窒細菌による硝酸還元，鉄還元細菌による Fe^{3+} の還元，硫酸還元菌による SO_4^{2-} イオンの還元（10.5 節），メタン発酵が ORP に応じて起こる．

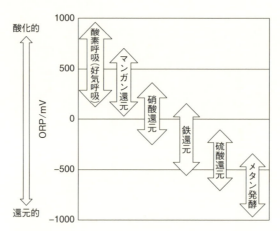

図 6.2 湖沼における微生物的酸化還元反応と電位
（日本微生物生態学会教育研究部会 編著，2004）を一部改変．

　微生物による反応は速度が遅く，水塊の DO 濃度がゼロになったからといって，ただちに硫酸還元やメタン発酵が顕在化するわけではない．たとえば，汽水湖中海の彦名沖干拓窪地におけるアンモニア態窒素濃度，リン酸態リン濃度と硫化水素態硫黄濃度の鉛直分布（図 6.1(b)）に見られるように，無酸素の水塊の存在が長期化するにつれて，アンモニア態窒素，リン酸態リンと硫化水素態硫黄が徐々に底層に蓄積されていく．

6.5　電位–pH（安定領域）図

　水塊の ORP が変化すると，6.4 節でも述べたように，溶存している化学種の形態も変化する．酸化還元反応には水素イオンが関与しているものが多くあり，特定の元素が関与する反応の ORP と pH の相関をグラフ上に作図（電位–pH 図）すると，化学種が安定に存在できる領域が図示できる．この**安定領域図**（E–pH stability field diagram）あるいは発案者の名前をとって**プールベダイアグラム**（Pourbaix diagram）ともいう）を利用すると，その元素がある条件下で最も安定に存在できる化学種は何か，ということが推定できる．
　電位–pH 図の作成の仕方を簡単に説明する．まず，下記反応式（6.10）はプロトン移動平衡なので，pH にのみ依存し，ORP には依存しない．

$$B + H^+ \rightleftharpoons A \tag{6.10}$$

具体的な例としては，反応式（6.11）がこれに相当する．この場合の電位–pH 曲線は，図 6.3(a) のようになる．

$$Fe(OH)_2 + 2H^+ \rightleftharpoons Fe^{2+} + 2H_2O \tag{6.11}$$

ORP にのみ依存する反応式（6.12）のような場合は，図 6.3(b) のようになる．

$$A_{(ox)} + e^- \rightleftharpoons B_{(red)} \tag{6.12}$$

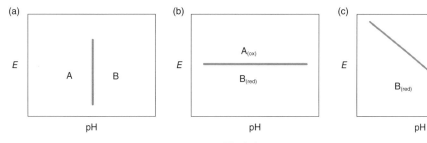

図 6.3 電位（E）–pH 図の例
(a)〜(c) については本文参照．

具体的には反応式（6.13）のような H^+ の関与しない酸化還元平衡が，この曲線に該当する．

$$Hg_2^{2+} + 2\,e^- \rightleftharpoons 2\,Hg \tag{6.13}$$

反応式（6.14）のように電子と H^+ の両方が関係する平衡反応では，図 6.3(c) のかたちの電位–pH 曲線になる．

$$A_{(ox)} + e^- + H^+ \rightleftharpoons B_{(red)} \tag{6.14}$$

具体的には，反応式（6.15）のような酸化還元平衡がこれに相当する．

$$Fe(OH)_3 + e^- + 3\,H^+ \rightleftharpoons Fe^{2+} + 3\,H_2O \tag{6.15}$$

6.5.1 水の安定領域図

陸水環境中で取ることができる最も高い電位は水の酸化であり，これよりも高い電位では水の分解が起こるために水は存在できない．また，最も低い電位では水の還元が起こり，環境水中でこれ以下の電位を取ることはない．すなわち，水の酸化曲線と還元曲線の2つの曲線に挟まれた領域が，水が安定に存在できる領域であるということになる．

まず，水の酸化曲線を求めよう．水の酸化は次式で表される．

$$O_{2(g)} + 4\,H^+ + 4\,e^- \rightleftharpoons 2\,H_2O \qquad E^0 = 1.23\,\text{V} \tag{6.16}$$

この反応式をネルンスト式（6.9）に当てはめると，水中で酸素分圧 p_{O_2} は1以上の値を取れないので，式（6.17）で表される．このとき，水は溶媒であるので，$[H_2O]$ 項は無視する．

$$E = E^0 + \frac{0.059}{4}\log p_{O_2}[H^+]^4 = 1.23 + \frac{0.059}{4} \times \left(4\log[H^+]\right) = 1.23 - 0.059\,\text{pH} \tag{6.17}$$

これを電位–pH 図に書き込むと，pH が0のときに電位は 1.23 V になり，そこを始点にして傾き -0.059 の右下がりの直線（図 6.4 中直線 ①）となる．水が自然界で安定に存在できるのはこの直線よりも下の領域になる．

次に，水の還元についてみてみよう．水の還元は式（6.18）で表され，それに対するネルンスト式が式（6.19）になる．

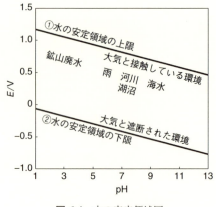

図 6.4 水の安定領域図

$$2\,\mathrm{H}^+ + 2\,\mathrm{e}^- \rightleftharpoons \mathrm{H}_2 \qquad E^0 = 0\,\mathrm{V} \tag{6.18}$$

$$E = E^0 + \frac{0.059}{2}\log\frac{[\mathrm{H}^+]^2}{p_{\mathrm{H}_2}} = 0 + \frac{0.059}{2}\times\left(2\log[\mathrm{H}^+]\right) = 0 - 0.059\,\mathrm{pH} = -0.059\,\mathrm{pH} \tag{6.19}$$

この式を図示すると，pH 0 のときの電位が 0 V であり，そこを始点としてやはり傾き -0.059 の右下がりの直線（図 6.4 中直線 ②）になる．ちなみに，H_2 の分圧が 1 atm で，H^+ の活量が 1 となる電極を，**標準水素電極**（normal hydrogen electrode：NHE，または standard hydrogen electrode：SHE）といい，定義によりその電極電位を 0 とする．

自然界で水は，この 2 つの曲線で囲まれた領域内で安定に存在し，この線の外側では存在できない．図中にいろいろな環境水を酸性度と ORP に関連づけて示してある．海水であれ湖沼水であれ，大気と接触している表層水は，直線 ① に近いところに，大気と接触が断たれている底層水や底泥中の間隙水は直線 ② に近いところにあることがわかる．また，海水の pH はほぼ 8.2 であり，湖沼水や河川水は 7 付近，降水は酸性雨の場合は 5.6 以下の値を取る．

6.5.2 鉄の安定領域図

環境水中で，Fe^{3+} は中性付近の pH では加水分解して $\mathrm{Fe(OH)}_3$ として湖底に沈降沈積するが，$\mathrm{Fe(OH)}_3$ には PO_4^{3-} をはじめ種々の化学種を吸着して環境水中から除去し，底泥中に固定する作用がある．しかし，底層水が無酸素になると，$\mathrm{Fe(OH)}_3$ は $\mathrm{Fe(OH)}_2$ に還元されて，底泥中から水中に溶出する．そのとき同時に，吸着固定されていた PO_4^{3-} が溶出してくる（内部負荷）．このように，環境水中で鉄は重要な役割を果たしているので，その挙動を理解することは大事である．鉄の電位–pH 図の作成の仕方を学んで，鉄の化学的性質と環境水中での挙動について理解を深めよう．

A. Fe^{2+} から Fe^{3+} への酸化

Fe^{2+} から Fe^{3+} への酸化反応は，式 (6.20) で表される．

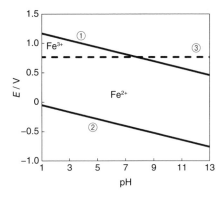

図 6.5 Fe^{2+} から Fe^{3+} への酸化曲線

$$Fe^{3+} + e^- \rightleftharpoons Fe^{2+} \qquad E^0 = 0.771\,\mathrm{V} \tag{6.20}$$

$[Fe^{3+}] = [Fe^{2+}]$ のとき,

$$E = E^0 + 0.059 \log \frac{[Fe^{3+}]}{[Fe^{2+}]} = 0.771 + 0.059 \log \frac{[Fe^{3+}]}{[Fe^{2+}]} = 0.771 \tag{6.21}$$

となるが,式 (6.20) には H^+ は関与していないので,図 6.5 の破線 ③ になる.この時点で始点と終点はわかっていない.この境界線よりも上が Fe^{3+} の,下が Fe^{2+} の安定領域になる.

B. Fe^{3+} の加水分解

Fe^{3+} の加水分解反応は式 (6.22) で,その平衡定数は溶解度積 K_{sp} (式 (6.23)) として表される.

$$Fe(OH)_{3(s)} \rightleftharpoons Fe^{3+} + 3\,OH^- \tag{6.22}$$

$$K_{sp} = [Fe^{3+}][OH^-]^3 = 1.26 \times 10^{-38} \tag{6.23}$$

環境水中の溶存 Fe^{3+} の最大濃度を $10^{-5}\,\mathrm{mol\,L^{-1}}$ として,両辺の対数をとると式 (6.23) は,

$$\log K_{sp} = \log[Fe^{3+}] + 3\log[OH^-] = -5 - 3\,\mathrm{pOH} = -37.9$$

となり,pOH 10.97 が求められて,pH+pOH=14 から pH 3.03 になる.Fe^{3+} の加水分解反応には電子移動は含まれていないので,境界線(図 6.6 の破線 ④)は垂直線になる.この境界線より低 pH 側では Fe^{3+} が,高 pH 側では $Fe(OH)_3$ が安定に存在する.

C. Fe^{2+} の加水分解

Fe^{2+} の加水分解については,上の Fe^{3+} の加水分解と同じ誘導で求められる.

$$Fe(OH)_{2(s)} \rightleftharpoons Fe^{2+} + 2\,OH^- \tag{6.24}$$

$$K_{sp} = [Fe^{2+}][OH^-]^2 = 8.0 \times 10^{-16} \tag{6.25}$$

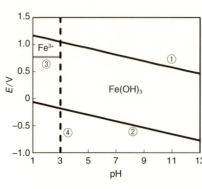
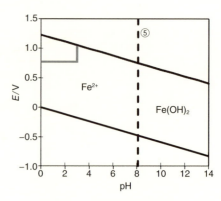

図 6.6 Fe^{3+} の加水分解曲線 　　　図 6.7 Fe^{2+} の加水分解曲線

Fe^{2+} の溶解度は Fe^{3+} よりも高いので，環境水中の溶存 Fe^{2+} の最大濃度を $10^{-3}\,mol\,L^{-1}$ と仮定して両辺の対数をとると，式 (6.25) は，

$$\log K_{sp} = \log [Fe^{2+}] + 2\log [OH^-] = -3 - 2\,pOH = -15.1$$

と変形でき，pOH は 6.05 と算出されて，pH 7.95 になる．図 6.5 中に Fe^{2+} の加水分解反応の境界線（破線 ⑤）を書き加えると，図 6.7 が得られる．この境界線より低 pH 側では Fe^{2+} が，高 pH 側では $Fe(OH)_2$ が安定に存在する．

D. Fe^{2+} から $Fe(OH)_3$ への酸化

先に 6.7.1 項で Fe^{2+} から Fe^{3+} への酸化について吟味したが，Fe^{3+} は pH によって加水分解して $Fe(OH)_3$ になる．すなわち，Fe^{2+} から $Fe(OH)_3$ への酸化（反応式 (6.26)）には，式 (6.27) と式 (6.28) の 2 段階の反応が組み合わさっている．

$$Fe^{2+} \rightleftharpoons Fe^{3+} + e^- \tag{6.26}$$

$$Fe^{3+} + 3\,H_2O \rightleftharpoons Fe(OH)_{3(s)} + 3\,H^+ \tag{6.27}$$

$$Fe(OH)_{3(s)} + 3\,H^+ + e^- \rightleftharpoons Fe^{2+} + 3\,H_2O \tag{6.28}$$

反応式 (6.28) に対するネルンスト式は，

$$E = E^0 + 0.059 \log \frac{[H^+]^3}{[Fe^{2+}]} \tag{6.29}$$

で与えられるが，反応式 (6.28) の E^0 の値が文献で見つけられないので，計算で求める．式 (6.29) に Fe^{2+} の濃度 $10^{-3}\,mol\,L^{-1}$ を入れて変形すると，

$$E = E^0 + 0.177 - 0.177\,pH \tag{6.30}$$

式 (6.21) と式 (6.23) から pH 3.03 のときの E 値が 0.771 V であるので，式 (6.30) にこれらの数値を代入して計算すると，$E^0 = 1.130\,V$ が得られる．したがって，式 (6.29) は，最終

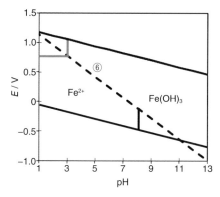

図 6.8 Fe^{2+} から $Fe(OH)_3$ への酸化曲線

的に式 (6.31) になる．

$$E = 1.307 - 0.177\,\text{pH} \tag{6.31}$$

pH 3.03 以下の pH 領域では鉄は Fe^{3+} として存在し，pH 7.95 以上の pH 領域では $Fe(OH)_2$（図 6.7 の破線 ⑤ より）が安定な化学種である．したがって，式 (6.31) の直線が成り立つ pH 範囲は，pH 3.03 から 7.95 の間である（図 6.8 の破線 ⑥）．

E. $Fe(OH)_2$ から $Fe(OH)_3$ への酸化

最後に，pH 7.95 以上では $Fe(OH)_2$ と $Fe(OH)_3$ の両方の形態が存在するが，これを区別する境界線を決定しなければならない．この両者間の反応式は式 (6.32) で表され，

$$Fe(OH)_{3(s)} + H^+ + e^- \rightleftharpoons Fe(OH)_{2(s)} + H_2O \qquad E^0 = -0.134\,\text{V} \tag{6.32}$$

対応するネルンスト式は式 (6.33) になる．

$$E = E^0 + 0.059\log[H^+] \tag{6.33}$$

式 (6.33) はこれまでと同様の処理によって，式 (6.34) に変形できる．ここで，反応式 (6.32) が成り立つのは pH 7.95 以上の pH 領域であるので，式中の pH 項は pH−7.95 とおく．

$$E = -0.134 - 0.059(\text{pH} - 7.95) \tag{6.34}$$

式 (6.34) で得られる $Fe(OH)_2$ から $Fe(OH)_3$ への酸化曲線（直線 ⑦）を図 6.8 に書き加えると，環境水中の鉄化学種の安定領域図ができ上がる（図 6.9）．

銅鉱山などの坑道では硫化物鉱石が表面に露出しており，水との接触によって硫化物イオンが酸化されて硫酸イオンが生成する．このような理由で，廃坑から自然に漏出する湧き水は，pH 3 程度に酸性化していることがある．鉱山廃水のような例外的に低い pH の環境水中では，鉄は Fe^{3+} として安定に溶存している（図 6.9 点 A）が，清澄な河川水と混合して pH は次第に上昇し，$Fe(OH)_3$ へと加水分解される（図 6.9 点 B）．このような鉱山廃水が流れる河川には，$Fe(OH)_3$ から変性したシュベルトマナイトや鉄明礬石が表面に付着した黄色の石が多く見

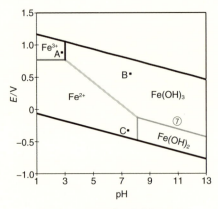

図 6.9　鉄化学種の安定領域図

られる（石綿ほか，2005）．Fe(OH)$_3$ のコロイド粒子が河川によって運ばれ，湖沼などの停滞水域に達すると沈降する．富栄養化している湖沼の湖底底泥中に沈積すると DO と遮断されて還元的になり，Fe^{2+} に還元されて湖底から溶出する（図 6.9 点 C）．

6.5.3　マンガンの安定領域図

次に，Mn の電位–pH 図を図 6.10 に示す．Mn も，環境水中で pH の上昇に伴って水和酸化マンガン（MnO$_2$・nH$_2$O）を生成して沈殿するという点で Fe と似た挙動をする，重要な元素で

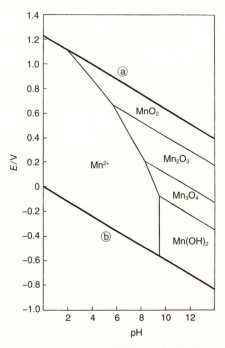

図 6.10　マンガン化学種の安定領域図

図中，水和酸化マンガンを結晶性の二酸化マンガン（MnO$_2$）で表記してある．これは，熱力学的データが求められていないからである．（多賀，那須，2005）より．

ある．$Fe(OH)_3$ と水和酸化マンガンの異なる点として，水和酸化マンガンのほうが還元されやすいことと $Mn(OH)_2$ の溶解度積が 1.9×10^{-13} と $Fe(OH)_3$ の 1.26×10^{-38} と比べてはるかに大きいために，水中に溶出しやすいことが挙げられる．鉄と同様に停滞水域で底泥に沈降した水和酸化マンガンは，無酸素低層水に覆われると微生物的還元反応によって Mn^{2+} イオンとなって水中に溶出し，DO を含む酸化的な水との遭遇によってふたたび酸化されて沈殿するという還元溶出 $\leftrightarrow$ 酸化沈殿のサイクルを繰り返す．これによってマンガン団塊（ノジュール）が成長する．マンガン団塊は新たな海洋資源として大きく報道されたこともあり，よく知られているが，海洋だけでなく淡水湖の琵琶湖においても発見されている（川嶋，高松，1995）．マンガン団塊が海洋資源として注目されるのは，単なるマンガンの塊ではなくてニッケルやコバルトなどの有用金属を含んでいるからであるが，これは $Fe(OH_3)$ コロイドの無電荷点（pH of zero point of charge：pHzpc，粒子表面の電荷がゼロになる点）が 8.5 であるのに対して，水和酸化マンガンのpHzpc は約 2.3 と低く，中性付近の水中では負に荷電しており，陽イオンを吸着する性質があるからである．一方，$Fe(OH)_3$ コロイドは同条件下で正に荷電しており，リン酸イオンやヒ酸イオンなどのアニオンを吸着することが知られている．

第6章　演習問題

問1 マンガン化学種の安定領域図（図 6.10）について，以下の問に答えよ．

    (a) 図中 1.3 V 付近から始まる右下がりの点線 ⓐ と，0.1 V 付近から始まる右下がりの点線 ⓑ は，それぞれ何を表しているか，説明せよ．

    (b) 以下の環境水中で，マンガンはどのような化学種として存在しているか？

      (i)　pH 5.0 の酸性雨水中

      (ii)　海洋の表層

      (iii)　淡水湖湖底の堆積物中の間隙水（約 pH 7.0）

問2 次の 3 つの反応式を使って，Cd^{2+} の濃度が $1.0\,mol\,L^{-1}$ の場合のカドミウム化学種の安定領域図を書け．

$$Cd^{2+} + 2\,e^- \rightleftharpoons Cd \qquad\qquad E^0 = -0.40\,V$$

$$Cd(OH)_2 \rightleftharpoons Cd^{2+} + 2\,OH^- \qquad\qquad \log K_{sp} = -13.5$$

$$Cd(OH)_2 + 2\,H^+ + 2\,e^- \rightleftharpoons Cd + 2\,H_2O \qquad E^0 = -0.02\,V$$

第6章　文　献

石綿純一郎ほか（2005）九大理研報，**22**，41–50.

川嶋宗継，高松武次郎（1995）海洋化学研究，**8**，92–107.

日本微生物生態学会教育研究部会 編著（2004）『微生物生態学入門』，p.47，日科技連.

管原庄吾ほか（2006）島根大学宍道湖中海定期水質調査，未発表.

多賀光彦，那須淑子（2005）『第 2 版地球の化学と環境』，p.56，三共出版.

第7章

環境水中の錯生成

7.1 はじめに

河川水は，降水が土壌中に浸透して地下水となって移動し，地表面に噴出した湧水が起源となっている．地下水は，長時間かけて移動するため流路の岩石と長時間にわたって接触し，岩石成分を溶解溶出させることになる．したがって，河川水の水質は源流付近に多くある岩石の組成の影響を受ける．さらにその河川水が，流下するに従って支流からの流入負荷を受けるので，下流の水質は流域全体の地質の影響を反映したものになる．たとえば主成分の Mg^{2+} と Ca^{2+} の濃度は硬度として評価されるが，その硬度でさえ河川ごとに異なる．関東と比べて関西で調理の味付けが薄味なのは，関西の河川水のほうがより軟水だから，というのはよくいわれることである．まして，微量溶存イオン種となると近接して流れている河川でも異なっている場合が多々ある．

地殻中の Fe の化学組成はウラン（U）よりも約 5000 倍高濃度であるが，海洋中の平均濃度は両方ともほぼ同程度（〜1 nmol L^{-1}）である．これは，Fe^{3+} が海水に難溶であるのに対して，U は溶存形態の炭酸ウラニルイオン（$UO_2(CO_3)_3^{4-}$）が易溶性であるためと説明される．きわめて単純化していえば，岩石中のウラニルイオン（UO_2^{2+}）は石灰岩の風化によって生成した CO_3^{2-} と錯イオンを生成して安定化され，河川水中に移行する（口絵 1）（望月，杉山，2012）．一方，Fe^{3+} は錯イオンとして安定化されないために，環境水中での溶存濃度は地殻中に比べて非常に低くなる．しかし，Fe^{3+} は CO_3^{2-} とは錯イオンを生成できないが，水塊中に錯イオンを生成できる化学種が共存しているときには安定化されて，$Fe(OH)_3$ の溶解度以上の濃度で存在することがある（5.2 節を参照）．これは，他の重金属イオンについてもいえることであり，有害な重金属イオンが錯イオンの状態で環境水中に溶存していれば，生態系に大きな悪影響を与えることになる．

7.2 金属錯体について

たとえば $[Ag(NH_3)_2]^+$ や $[CoF_6]^{3-}$ といったイオン種は，中心の金属カチオン（Ag^+, Co^{3+}）

76　第 7 章　環境水中の錯生成

に配位子とよばれる中性分子（NH_3）あるいはアニオン（F^-）が結合してできた錯イオンである．このような錯イオン中の配位子と金属イオンは，配位結合で結びついている．配位結合は，電子対供与体である原子あるいはイオンのもつ非共有電子対が，電位対受容体である原子やイオンの空軌道に供給されることによって形成される．配位結合は常に共有結合的であるとは限らず，組合せによってはイオン結合的な場合もある．

$$2\,H\!:\!\overset{\overset{\displaystyle H}{\cdot\cdot}}{\underset{\displaystyle H}{N}}\!:\ +\ Ag^+\ \longrightarrow\ \left[\,H\!:\!\overset{\overset{\displaystyle H}{\cdot\cdot}}{\underset{\displaystyle H}{N}}\!:\!Ag\!:\!\overset{\overset{\displaystyle H}{\cdot\cdot}}{\underset{\displaystyle H}{N}}\!:\!H\,\right]^{+} \qquad または \quad [Ag(NH_3)_2]^+ \qquad (7.1)$$

すなわち，錯体は 1 対もしくはそれ以上の電子対を受け入れられる金属原子または金属イオンと，供与できる電子対をもった非金属原子を含む中性分子やイオンとが結合して生成される．この結果生成した錯体は，電荷を有する場合（反応式 (7.2)，(7.3)）もあれば，中性である場合（反応式 (7.4)，(7.5)）もある．中性の錯体は，金属原子と中性分子の結合によってできる（反応式 (7.4)）ときと，金属カチオンと配位子アニオンの電荷が釣り合うことによってできる（反応式 (7.5)）ときもある．配位原子は中性分子中にあることもあれば，イオン中にある場合もあり，以下にそのいくつかの例を示す．

$$Cu^{2+} + 4\,NH_3 \quad \longrightarrow \quad [Cu(NH_3)_4]^{2+} \tag{7.2}$$

$$Pd^{2+} + 4\,Cl^- \quad \longrightarrow \quad [PdCl_4]^{2-} \tag{7.3}$$

$$Ni + 4\,CO \quad \longrightarrow \quad [Ni(CO)_4] \tag{7.4}$$

$$Cu^{2+} + 2\,(C_5H_7O_2{}^-) \quad \longrightarrow \quad [Cu(C_5H_7O_2)_2] \tag{7.5}$$

　錯体の電荷は，構成物の電荷の総和で決まる．たとえば $[PdCl_4]^{2-}$ では，$(+2) \times 1$（Pd）$+ (-1) \times 4$（Cl）であるので錯体全体の電荷は -2 になる．

　錯体は，中心金属原子に配位子が配位することによってできている．配位化合物と錯体中心金属原子に結合している配位原子の数を配位数といい，2，4，6 の配位数を取る場合が多いが，配位数が 5 の錯体もあり，さらに 3，7，9 といった奇数の配位数の錯体もたまにある．たとえば，Ag^+ の配位数は通常は 2 である（$[Ag(CN)_2]^-$）が，3 を取るときもある（$[Ag(CN)_3]^{2-}$）．Ni^{2+} には配位数 4，5，6 の錯体があり，それぞれ $[Ni(CN)_4]^{2-}$，$[Ni(CN)_5]^{3-}$，$[Ni(NH_3)_6]^{2+}$ が対応する．表 7.1 に代表的な金属イオンの配位数を示す．

　次に，錯体の命名法の簡単なルールについて説明する．

(1) 配位子の名称を数とともに先に書く．配位数 2 には，ジまたはビスを，3 にはトリまたはトリスを，4 にはテトラまたはテトラキスを付ける．陰性の配位子には，たとえば O^{2-} だとオキシド（oxido），Cl^- であればクロリド（chlorido）という具合に名称の末尾を-o に換える（表 7.2）．

(2) 多種類の配位子を含む場合には，たとえば，$[PtCl_2(NH_3)_2]$ であればジアンミンジクロリド白金(II) という具合に，名称をアルファベット順に並べる．

7.3 配位子　77

表7.1　代表的な金属イオンの配位数

金属イオン	配位数	金属イオン	配位数	金属イオン	配位数
Ag^+	2	Hg^{2+}	4	Al^{3+}	4, 6
Au^+	2, 4	Ca^{2+}	6	Au^{3+}	4
Cu^+	2, 4	Co^{2+}	4, 6	Co^{3+}	6
Li^+	4	Cu^{2+}	4, 6	Cr^{3+}	6
Tl^+	2	Fe^{2+}	6	Fe^{3+}	6
		Ni^{2+}	4, 5, 6	Sc^{3+}	6
		Pb^{2+}	4	Pd^{4+}	6
		Pd^{2+}	4	Pt^{4+}	6
		Pt^{2+}	4	Zr^{4+}	8
		V^{2+}	6	Hf^{4+}	8
		Zn^{2+}	4	Th^{4+}	8

(3) その次に中心金属元素またはイオンの名称を酸化数とともに書く．英語の場合は，配位子名と金属原子との間にスペースを入れない．

(4) 錯体が全体として負電荷をもつ場合は，中心金属原子の名前に酸を付ける．英語の場合は元素名の語尾を -ate に換える．いくつかの金属元素には慣習として，ラテン名を使う場合もある．

これらのルールに従って，反応式 (7.2)〜(7.5) 中の錯体を命名すると以下のようになる．

$[Cu(NH_3)_4]^{2+}$　　テトラアンミン銅(II) イオン（tetraamminecopper(II)）

$[PdCl_4]^{2-}$　　テトラクロリドパラジウム(II) 酸イオン

（tetrachloridoplladate(II)）[1]

$[Ni(CO)_4]$　　テトラカルボニルニッケル(0)　　慣用名：ニッケルカルボニル

（tetracarbonylnickel）

$[Cu(C_5H_7O_2)_2]$　　ビスアセチルアセトナト銅(II)（bis(acetylacetonato) copper(II)）

7.3　配 位 子

7.3.1　配位子の種類

金属原子（イオン）には非共有電子対をもっている原子が配位する．金属原子と直接結合する代表的な原子には，ハロゲン，O, N, S 原子などがあり，これらを含む分子，イオンまたは官能基が金属原子に配位できる．化合物中の配位できる官能基を**配位座**（coordination position）という．代表的な配位子を表 7.2 にまとめて示す．

配位子（ligand）は，上記のように官能基中のどの原子が配位しているかによって分類されるが，同時に配位化合物 1 分子中に配位座を何個含んでいるかによっても分類できる．たとえ

---

[1] 表 7.2 の規則に従えば，テトラクロリドパラジウム(II) 酸イオンになるが，ハロゲン化物イオン（F^-, Cl^-, Br^-, F^-）に関しては，これらの名称は一般的でない．

78 第 7 章　環境水中の錯生成

表 7.2　通常の配位子

配位子	名　前	配位子	名　前
F^-	フルオリド	O^{2-}	オキシド
Cl^-	クロリド	$CO_3{}^{2-}$	カルボナト
Br^-	ブロミド	$C_2O_4{}^{2-}$	オキサラト
I^-	ヨージド	$SO_4{}^{2-}$	スルファト
CN^-	シアニド	$S_2O_3{}^{2-}$	チオスルファイト
OH^-	ヒドロキシド	NH_3	アンミン
SCN^-	チオシアナト	H_2O	アクア
$NO_2{}^-$	ニトリト	CO	カルボニル
NO	ニトロシル		

（日本化学会命名法専門委員会 編，2011）より．

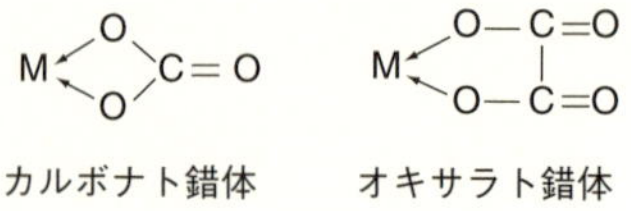

図 7.1　キレート錯体

ば，アンモニアや水は分子中の N 原子や O 原子が金属原子に配位することで結合するが，配位原子を 1 つしか含んでいないので単座配位子とよばれる．それに対して，エチレンジアミン（$H_2NCH_2CH_2NH_2$）は 2 個のアミノ基で配位するので二座配位子，ジエチレントリアミン（$H_2NCH_2CH_2NHCH_2CH_2NH_2$）は 3 個のアミノ基で配位するので三座配位子とそれぞれよばれる．このように，1 分子中に複数個の配位座を含む化合物を多座配位子といい，多座配位子は単座配位子よりも安定な錯体を生成する．それは，分子中の複数の配位座が適度な距離で隣接していると同じ金属原子に配位することができ，図 7.1 に示すように環状構造が形成されて，錯体の構造が安定化されるからである．この環状構造をキレート環といい，キレート環を含む錯体をキレート錯体という．炭酸イオン（$CO_3{}^{2-}$，カルボナト）は金属原子と四員環を，シュウ酸イオン（$C_2O_4{}^{2-}$，オキサラト）は五員環を形成している（図 7.1）．ちなみに四員環構造は分子のゆがみが大きくて比較的不安定であるが，五員環や六員環構造は安定であり，これらのキレート環を形成するキレート配位子は数多く知られており，多方面で重要な役割を果たしている．

7.3.2　HSAB 則

　金属イオンは電子対の受容体であり，配位子は電子対の供与体であるので，錯生成反応はルイス（Lewis）の酸塩基反応の一形態であるといえる．ルイスの酸塩基反応は対象が広いので，ブレンステッド（Brønsted）の酸塩基反応では説明できない現象をも取り扱う．

　ルイスの定義は，「電子対受容体を酸，電子対供与体を塩基」と定めている．つまり，既出の錯生成反応を酸塩基反応として取り扱うことができる．

　たとえば，アンモニア（NH_3）と Cu^{2+} との錯生成反応を例に挙げると，

$$Cu^{2+} + : NH_3 \longrightarrow Cu : NH_3{}^{2+} \tag{7.6}$$

においては，Cu^{2+} は NH_3 の非共有電子対を受容しているので酸，NH_3 は非共有電子対を Cu^{2+} に供与しているので塩基となる．ルイスの定義に従えば，金属カチオンはすべて酸であり，それと結合するアニオンや分子（つまり配位子）は塩基である．

　Pearson（1963）は，ルイス酸である金属イオンとルイス塩基である配位子を親和性の違いによって分類し，**HSAB**（hard and soft acids and bases）則を提唱した．この概念において

表 7.3 硬い・軟らかい酸・塩基の分類 [a]

		例
ルイス酸	硬い	H^+, Li^+, Na^+, K^+, Rb^+, Cs^+, Be^{2+}, Mg^{2+}, Ca^{2+}, Sr^{2+}, Ba^{2+}, Mn^{2+}, Al^{3+}, Sc^{3+}, Cr^{3+}, Fe^{3+}, Ce^{3+}, Co^{3+}, Ga^{3+}, In^{3+}, As^{3+}, ランタノイド, アクチノイド, Ti^{4+}, Zr^{4+}, BF_3
	境界	Fe^{2+}, Co^{2+}, Ni^{2+}, Cu^{2+}, Zn^{2+}, Pb^{2+}, Sn^{2+}
	軟らかい	Cu^+, Ag^+, Au^+, Hg^+, Pd^{2+}, Cd^{2+}, Hg^{2+}, BH_3, I^+, CH_3Hg^+, Br^+, HO^+, I_2, Br_2, M^0（金属原子）, トリニトロベンゼン, クロラニル, キノン, テトラシアノエチレン, カルベン
ルイス塩基	硬い	H_2O, OH^-, O^{2-}, ROH, RO^-, R_2O, RCO_2^-, $R(CO_2)_2^{2-}$, CO_3^{2-}, NO_3^-, PO_4^{3-}, R_3PO, $(RO)_3PO$, SO_4^{2-}, ClO_4^-, F^-, Cl^-, NH_3, RNH_2, EDTA, オキシン
	境界	$C_6H_5NH_2$, C_5H_5N, Br^-, NO_2^-, SO_3^{2-}
	軟らかい	R_2S, RSH, RS^-, S^{2-}, SCN^-, $S_2O_3^{2-}$, I^-, R_3P, $(RO)_3P$, CN^-, RNC, CO, C_2H_4, C_6H_6, ジチゾン

[a] R はアルキル基またはアリル基を示す.　　　　　　　　　　　　　　（井村ほか，2015）を一部改変.

は，分極しにくい原子やイオンを "hard"（硬い），分極しやすい原子やイオンを "soft"（軟らかい）と表現し，硬い酸は硬い塩基と，軟らかい酸は軟らかい塩基と錯生成しやすい，と説明した．表 7.3 は HSAB 則によって分類された金属イオンと配位子の例である．

Li^+, Be^{2+}, Al^{3+}, Ti^{4+} などの硬い金属イオンは，小さなイオン半径と大きな正電荷をもつので，大きい正の表面電荷密度と小さい電気陰性度を有する．また，F^-, O^{2-} などの硬い塩基は，大きい負の表面電荷密度と大きい電気陰性度を有する．したがって，硬い酸–塩基の錯生成は，強い静電的な結合による．

一方で，Cu^+, Ag^+, CH_3Hg^+ などの軟らかい酸と I^-, S^{2-} などの軟らかい塩基の錯生成の場合には，ともに分極しやすい電子雲をもち，酸–塩基間の電気陰性度の差も小さいため，共有結合性の結合を生成する．

7.4　錯生成平衡

金属イオンと配位子との錯生成反応は逐次的に進む．たとえば，Cu^{2+} のアンミン錯体は以下のように 4 段階の反応で生成される．ここで，式中の K_1, K_2, K_3, K_4 は各段階で生成する錯体の逐次生成定数である．

$$Cu^{2+} + NH_3 \longrightarrow Cu(NH_3)^{2+} \qquad K_1 = \frac{[Cu(NH_3)^{2+}]}{[Cu^{2+}][NH_3]} = 1.9 \times 10^4 \qquad (7.7)$$

$$Cu(NH_3)^{2+} + NH_3 \longrightarrow Cu(NH_3)_2^{2+} \qquad K_2 = \frac{[Cu(NH_3)_2^{2+}]}{[Cu(NH_3)^{2+}][NH_3]} = 3.6 \times 10^3 \qquad (7.8)$$

$$Cu(NH_3)_2^{2+} + NH_3 \longrightarrow Cu(NH_3)_3^{2+} \qquad K_3 = \frac{[Cu(NH_3)_3^{2+}]}{[Cu(NH_3)_2^{2+}][NH_3]} = 7.9 \times 10^2 \qquad (7.9)$$

$$Cu(NH_3)_3^{2+} + NH_3 \longrightarrow Cu(NH_3)_4^{2+} \qquad K_4 = \frac{[Cu(NH_3)_4^{2+}]}{[Cu(NH_3)_3^{2+}][NH_3]} = 1.5 \times 10^2 \qquad (7.10)$$

全体をまとめると以下のようになり，この反応式に対する生成定数 K は全生成定数とよばれ，逐次生成定数を掛け合わせたものになる．

$$\mathrm{Cu}^{2+} + 4\,\mathrm{NH_3} \longrightarrow \mathrm{Cu(NH_3)_4}^{2+}$$

$$K = \frac{[\mathrm{Cu(NH_3)_4}^{2+}]}{[\mathrm{Cu}^{2+}][\mathrm{NH_3}]^4} = K_1 \times K_2 \times K_3 \times K_4 = 8.1 \times 10^{12} \tag{7.11}$$

金属イオン M^{n+} に配位子 L^- が配位して錯体 ML_n が生成する次の反応

$$\mathrm{M}^{n+} + n\,\mathrm{L}^- \longrightarrow \mathrm{ML}_n \tag{7.12}$$

に対する全生成定数は β_n で表されることが多い.

水溶液中で金属イオンは,水分子に取り囲まれた水和イオンとして存在している.金属イオンに結合している水分子の数は金属によって異なるが,6 個 ($\mathrm{M(H_2O)_6}^{n+}$) であることが多い.したがって,反応式 (7.6),(7.10) も厳密には,銅は水中では水和イオン ($\mathrm{Cu(H_2O)_4}^{2+}$) として存在しているが,簡便のため Cu^{2+} と記述されているのであって,Cu^{2+} として存在しているわけではないことを理解しておく必要がある.

配位子を構成している配位原子が何であるかによって,錯体の安定性は大きく変わるが(章末演習問題問 2,問 3),さらに詳しく知りたい人のために,章末に参考書(水町ほか,1991)を紹介する.

7.5 天然に存在する有機配位子

海洋や湖沼などの水域における生物生産が,リン酸塩や硝酸塩などの栄養塩だけでなく,Fe などの微量金属元素によって制限されていることが知られるようになって久しい.Fe, Cu, Co, Mo, Cr, Zn, Mg など,さまざまな金属元素が生命活動に必須の金属酵素としてはたらくことが知られており,それらの湖沼や海水における植物プランクトンなどへの濃縮係数は数百から数百万に達する(Yamamoto *et al.*, 1984).微量金属の存在状態を調べる,スペシエーションとよばれる研究により,金属イオンの水中での存在状態が明らかになり,実際の河川水,湖沼水,海洋水などにおいては,ほとんどが炭酸イオン,水酸化物イオン,そして有機物などと錯体を生成していることがわかっている.たとえば海水中の Fe や Cu は,大部分が海水中の溶存有機物と錯生成していることが報告されている(Hirose *et al.*, 1982).

陸水中においてはとくに有機物の寄与が大きく(丸尾,2014),錯生成能を有する溶存有機物は間接的に生物生産の制御を行っている(Superville *et al.*, 2013).とくに Cu については,遊離のイオン(実際にはアクア錯イオン)が一定濃度以上になると生物に対し毒性を示すが,Cu^{2+} と錯生成する有機配位子の存在により,遊離イオン濃度が低く抑えられている.つまり有機配位子が Cu^{2+} の毒性を緩和することで生物生産に影響を与えると考えられる.このように,天然水中における溶存有機物による錯生成反応は,天然水中金属の挙動を明らかにするうえで重要である.

丸尾(2015)は,琵琶湖の試水に対し,サリチルアルドキシム(salicylaldoxime:SA)を競争配位子として加えた後,Cu^{2+} を段階的に添加しながらストリッピングボルタンメトリーを行い,琵琶湖水中の有機配位子の濃度(銅錯化容量という)と安定度定数を求めた(図 7.2).

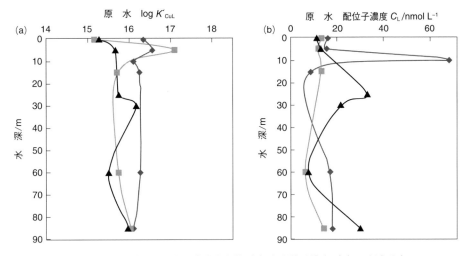

図 7.2 琵琶湖水中の錯体の安定度定数（a）と配位子濃度（b）の鉛直分布
採水地点：北湖最深部付近（35°22′N, 136°06′E），採取時期：◆ 2008 年 7 月，■同 9 月，▲同 12 月．（丸尾，2015）より．

Cu^{2+} の毒性発現濃度は $10^{-11}\,mol\,L^{-1}$ 程度であるが，測定結果から，それを大きく超える $10^{-8}\,mol\,L^{-1}$ 程度の配位子濃度が示された．琵琶湖水中においては，有機配位子が Cu^{2+} と錯生成し，結果として生物環境を良好に保っていることが示唆される．また，錯体の条件安定度定数[2]については，$\log K' > 15$ が得られ，きわめて安定な有機錯体が存在していることが示されている．この配位子には S 配位の部位が存在することが確かめられており，Cu^{2+} に対する配位子として，チオール類の寄与がある可能性が示されている（Superville *et al.*, 2013）．

また，丸尾らは，Fe に対する配位子についても測定を行っている．Fe^{2+} に選択的な比色試薬であるフェロジン（ferrozine：PDTS）を用いた逆滴定法（Statham *et al.*, 2012）を援用して琵琶湖水中の Fe と錯体を生成する有機配位子について調査を行ったところ，錯化容量は 19～36 nmol L^{-1}，条件安定度定数 $\log K' = 12.1$～13.0 を得た．これは，琵琶湖に溶存する Fe^{2+} の 99% 以上を錯化できる濃度である．

海洋，陸水などさまざまな環境水中に存在する有機配位子の構造や特性の解明は，近年飛躍的な進歩を遂げている質量分析技術などにより，今後進んでいくことが期待されている．

第 7 章　演習問題

問 1 生物界に広く存在することが知られているメタロチオネインというタンパク質がある．メタロチオネインは，重金属毒性を解毒する特徴をもっているが，その理由を HSAB 則に基づいて簡単に説明せよ．

問 2 表 7.4 中の 12 族金属イオンとキレート配位子の結合でできるキレート錯体の生成定数 A,

---
[2] 配位子濃度や溶液の pH などについてある特定の条件下での生成定数．

82 第7章 環境水中の錯生成

B, C と B, D, E をそれぞれ値の大きい順に並べ，その順になる理由を説明せよ．

ヒント：表中第1行目の Z^2/r の値は，イオンの電荷の大きさをイオン半径で割った値，すなわち電荷密度を表している．値が大きいほど電荷密度が高い（硬い）．また，アルキル基の違いはキレート錯体の生成定数に影響しないと考えてよい．

表7.4　12族金属イオンのジアルキルリン酸キレート配位子に対する生成定数の比較

キレート配位子 ＼ 金属イオン	Zn^{2+}	Cd^{2+}	Hg^{2+}
Z^2/r	5.4	4.1	3.6
C_4H_9O＼ P ＜S／SH （C_4H_9O／）	A	—	—
C_4H_9O＼ P ＜O／SH （C_4H_9O／）	B	D	E
$C_8H_{17}O$＼ P ＜O／OH （$C_8H_{17}O$／）	C	—	—

問3 表7.5中の希土類金属イオンとキレート配位子の結合でできるキレート錯体の生成定数 A, B, C と D, C, E をそれぞれ値の大きい順に並べ，その順になる理由を説明せよ．

表7.5　希土類金属イオンのジアルキルリン酸キレート配位子に対する生成定数の比較

キレート配位子 ＼ 金属イオン	La^{3+}	Eu^{3+}	Lu^{3+}
Z^2/r	7.83	8.74	9.68
$C_8H_{17}O$＼ P ＜S／SH （$C_8H_{17}O$／）	—	A	—
$C_8H_{17}O$＼ P ＜O／SH （$C_8H_{17}O$／）	—	B	—
$C_8H_{17}O$＼ P ＜O／OH （$C_8H_{17}O$／）	D	C	E

第7章 文　献

Hirose, K., *et al.*（1982）*Mar. Chem.*, **11**, 343–354.

井村久則，樋上照男（2015）「基礎から学ぶ分析化学」，p.11，化学同人.

丸尾雅啓（2014）ぶんせき，**470**, 71–76.

丸尾雅啓（2015）海洋化学研究，**28**, 2–9.

水町邦彦ほか（1991）『プログラム学習錯体化学』，講談社サイエンティフィク，152pp.

望月陽人，杉山雅人（2012）陸水学雑誌，**73**, 89–107.

日本化学会命名法専門委員会 編（2011）『化合物命名法』，pp.27–32，東京化学同人.

Pearson, R. G.（1963）*J. Am. Chem. Soc.*, **85**, 3533–3539.

Statham, P. J., *et al.*（2012）*Anal. Chim. Acta*, **754**, 111–116.

Superville, P. J., *et al.*（2013）*Talanta*, **112**, 55–62.

Yamamoto, T., *et al.*（1984）Proceedings of the Eleventh International Seaweed Symposium, pp.510–512.

第8章

河　川

8.1　はじめに—河川環境の特徴

　河川では上流から下流へと水が流れており，停滞水域の湖沼とは大きく環境が異なっている．この水の流れが河川地形を形成し，物質を運搬しており，これをひとつのシステムとしてとらえたのが，Vannotet らが提唱した「河川連続体仮説」である（Vannote *et al.*, 1980）．英語で表現すれば，"river continuum concept" となり，河川環境と生態系を考えるうえでの概念である．これは，自然状態での河川と生態系の成り立ちをとらえるのに役に立ち，これに沿って河川生態系を表現すると，以下のようになる．

　上流：河道は樹木に覆われているため，日光が到達せず，河川水温は変化しにくい．河川水源は地下水で，その水温が反映されるため，10〜15℃程度で比較的変化に乏しい．下流に比べて**栄養塩**（nutrient）は少なく，河川内での生産（藻類による**内部生産**，inner production）が少ない．流域から流れてくる枯葉などの高等植物の**遺骸**（detritus）が主たる有機物の形態となる（河川外から供給される有機物なので外部生産）．**消費者**（consumer）としては高等植物の遺骸を餌源とし，落葉などをかみ砕いて食べる動物が存在する．これらの動物は摂食形態で分類され，**破砕食者**（shredder）とよばれる．

　中流：扇状地や平野になると土壌が発達し，河川に供給される栄養塩が増える．河岸植生に比較して川幅が広がるため，樹木に遮られることなく，河床に光が到達する．そのため，河床でケイ藻（diatom）やラン藻（blue green algae）の仲間で石や礫に固着して生活する**付着藻類**（attached algae）が繁茂するようになる．石にはまず，上流から運ばれたシルトや細かな高等植物の遺骸が貼り付き，それを住処や餌源とする微生物が棲み着く．その下地に付着藻類が固着して群集が形成される．付着藻類が光合成することで，有機物の生産は内部生産が多くなる．消費者として，石の上に形成された付着藻群集をはぎ取る機能をもった動物（**はぎ取り者**，grazer）が出現する．

　下流：多くの物質が集まる場所で，水の濁り（濁度）が高くなる．水深が深くなるため，河床への日光の到達度合いは減少し，付着藻類にとっては増殖しにくい環境になる．一方で，平

84 第 8 章 河 川

野の下流域では標高の勾配が緩やかになり，河川は蛇行する．水深が増加し，河川流速は減少するため，河川水の滞留時間が長くなる．したがって，**植物プランクトン**（phytoplankton）の増殖のための時間が確保されることになり，水中における植物プランクトン量が増える．このように，内部生産の主役が付着藻類から植物プランクトンに変わる．動物は水中の懸濁物を摂食することができる**濾過食者**（filter-feeder）が多くなる．日本においては他国に比べ，河川勾配が急なことと，河川距離が短いため，自然状態ではここでいう下流の環境が出現することは少ない．本章では，源流から下流における河川の環境化学的特徴を解説する．

8.2 流域の環境と水質

8.2.1 雨から河川へ

陸水の起源は雨であり，雨は大気中の物質を取り込み，地上に水を供給する．降水の過程では，さまざまな物質が雨に取り込まれる．これらの物質の起源は，海水の飛沫が大気中で乾燥することにより形成される海塩粒子や気流の影響により地表から供給される土壌粒子，火山活動による排出などであり，海塩粒子からは Na^+，Mg^{2+}，Cl^- が，土壌粒子からは Ca^{2+}，火山活動からは SO_4^{2-} が供給される．大気中のガスも取り込まれ，CO_2 が雨に溶けて水との間で平衡になると，H^+ が放出されるため，理論的には雨の pH は 5.6 程度に下がる（4.3 節参照）．人為的影響が大きくなると，窒素酸化物（nitrogen oxides；NO_x）が供給されるため，降水中の pH は 5.0 以下になる．粒子状物質としては，植物の花粉や土壌粒子に加えて，中国大陸から飛来する黄砂などが含まれている．

地表に降った雨の多くは地面に浸透して地下水となり，それがふたたび地表に現れ，河川水となる．河川水の水質を考えるには，岩石から水への物質の溶解を知らなければならない．岩石の溶解には水の pH が大きく影響する．先に述べたように，降水は大気中の CO_2 を溶解しており，pH が低く，溶解能力が増大している．物質が溶解することで，水は中和され，地下水のpH は中性になる．

岩石によって，水に溶解する成分は異なっており，河川水の水質として反映される．水質は**トリリニアダイアグラム**（trilinear diagram）上の位置によって分類されることが多い（図 8.1）[1]．

一般的に岩石は生成環境の違いにより，火成岩，堆積岩，変成岩に分類される．地下水は渓流水より，より直接的に岩石の影響を反映していると考えられる．同種類の岩石であっても，風化の度合いや水の侵入の仕方によって水質は異なるが，一例として関ら（1999）によって測定された採石場の湧水の水質について紹介する．

八溝山地周辺（茨城県，福島県，栃木県）の湧水では，火成岩（花崗岩）地帯において総溶存イオン量が少なく，電気伝導率が小さいことが知られている．NO_3^-，K^+，Mg^{2+} も他の地質よりも少なく，pH は中性ないし弱アルカリ性である．主要陰イオンの多くは HCO_3^- で，陽イオンでは Ca^{2+} と Na^+ が多い（関ほか，1999）．H_2CO_3 による長石類の分解が主要な水質形成プロセスで，表層では Ca・Mg–HCO_3 型の水質を示し，深くなるにつれ Ca・Na–HCO_3

---

[1] トリリニアダイアグラムについて詳しく知りたい読者は，参考文献（吉田，池田，2004）を参照されたい．

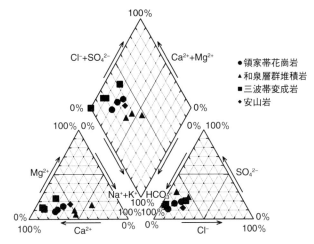

図 8.1 トリリニアダイアグラムによる香川県内渓流水の水質表示
(一井 築氏 提供)

型から Na–HCO$_3$ 型の水質へと変化する（金井ほか，1999）．

堆積岩地帯の湧水の総溶存イオン量と電気伝導度は変成岩地帯に次いで高い．HCO$_3^-$，NO$_3^-$，Na$^+$ は他の地質よりも高く，pH は弱アルカリ性を示す．陰イオンでは SO$_4^{2-}$ と HCO$_3^-$ が，陽イオンでは Ca^{2+} が多い（関ほか，1999）．堆積岩に含まれる黄鉄鉱は，酸化により硫酸（H$_2$SO$_4$）を生成する．H$_2$SO$_4$ は斜長石，方解石を溶解することによって中和され，Ca^{2+} と HCO$_3^-$ を生成している（千木良 1988；1992）．

変成岩地帯の湧水は総溶存イオン量と電気伝導度が最も大きい．pH は酸性から弱アルカリ性までの広い範囲を示す．陰イオンでは SO$_4^{2-}$ が多く，陽イオンでは Ca^{2+} と Mg^{2+} が多い（関ほか，1999）．堆積岩地帯と同様に，黄鉄鉱の酸化で生じた H$_2$SO$_4$ が，斜長石，緑泥石を溶解し，Ca^{2+}，Mg^{2+} を生成している．

8.2.2 源流の水質—窒素飽和

自然の状態では，地表面への窒素の供給は雨によるところが大きい．雨として森林に降った窒素が土壌を経由して河川に供給されるが，森林にも多くの樹木や微生物が存在しており，窒素などの養分を吸収する．そのため，一般的に森林から地下水に供給される栄養塩は少なく，結果として河川に流出する量も少なくなる．流出量は森林の状態によって変化し，森林の成長量が大きいときは少なく，逆に荒廃すると多くなるといわれている．

大都市近郊では NO$_x$ が多く発生しており，それらは雨と一緒に近郊の森林に降るため雨の窒素濃度は高くなり，多くの窒素が森林に供給されることになる．当然のこととして，森林の樹木や微生物が必要とする以上の窒素が供給されると余った窒素は森林から流出することになり，河川に運ばれる．これは，大気汚染による**窒素飽和**（nitrogen saturation）とよばれ，関東地方の森林では硝酸態窒素（NO$_3^-$–N）の濃度が 2 mg L^{-1} 以上の渓流が存在している．

著しい大気汚染がないにもかかわらず，渓流水中の NO$_3^-$–N が高い地域もある．日本におけ

る年間降水量は1700 mm，日射と気温から見積もった蒸発量は700 mm 程度で（鈴木，1985），差し引き 1000 mm が地表面に残留する水と見積もられる．一方で，瀬戸内海地域では降水量が少なく，1200 mm 程度（高松），日射量が多いため，蒸発量は 900 mm 程度と推定されている（岡山）．地表面に残る水の量は 300 mm と日本の平均の約 1/4 である．これは，森林における水の相対的な蒸発率が高くなることを示しており，河川に流出する溶存イオンにも大きな影響を与えると思われる．

香川県の渓流水中の溶存イオン濃度は他の地域と比べて高く（口絵 2），降水中の溶存窒素濃度が高くないのにもかかわらず，$NO_3^- \text{–} N$ は $1\,\mathrm{mg\,L^{-1}}$ を超える．これは，水質汚濁がみられる下流に匹敵する濃度で，河川における過剰な**一次生産**（primary production）の潜在的要因になっている（Nakashima et al., 2005）（9.7 節参照）．岩石から溶出することが少ないと考えられる塩化物イオンを基準に濃縮率を算出し，降水量と比較すると良い負の相関を示し，降水

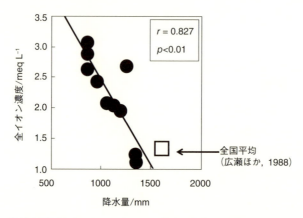

図 8.2　讃岐山脈源流域における全イオン濃度と調査地点周辺の降水量との関係
（降水量：香川県河川砂防課，2005）

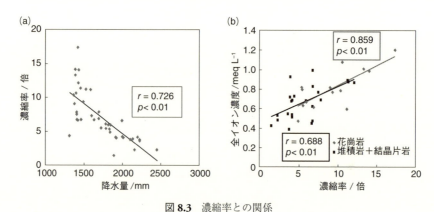

図 8.3　濃縮率との関係
(a) 降水量との関係，(b) 全イオン濃度との関係．

$$濃縮率（倍）= \frac{渓流水中の\,Cl^-\,濃度}{降水中の\,Cl^-\,濃度}$$

（森岡隆一氏 提供）

8.2 流域の環境と水質　87

量が少ないほど，森林での水の蒸発に伴う溶存物質の濃縮が大きいことがわかる（図 8.2 および図 8.3）．また，この濃縮率は，渓流水中の NO_3^-–N とも正の相関があり，濃縮率が大きいほど，NO_3^-–N が高くなる．渓流水中への高濃度の窒素の流出は人為的大気汚染による影響だけでなく，自然の水文的影響も考える必要がある．

8.2.3　平野部の水質

　日本の多くの河川では，中下流域は沖積平野で，地下水と河川水が複雑に絡み合い，水・物質循環が形成されている．先にも述べたように，河川水の滞留時間は短く，有機物は高等植物と付着藻類の遺骸である．一方で，流域では人間活動が活発であり，直接または地下水を経由して河川水に影響を及ぼし，その程度は自然の物質循環を凌駕する．

　生活廃水や工場廃水は直接的に影響を与え，有機物汚濁の原因になることが多い．たとえば有機物の流入は河川の溶存酸素（dissolved oxygen：DO）を減少させ，窒素やリンの供給は一次生産を促進させて有機物量を増やす．今日では，下水道の整備や廃水規制により，家庭や工場から有機物が河川に供給されることは少なくなった．しかし，廃水中から溶存態の窒素やリンを取り除くことは容易ではなく，自然負荷と比べ，高い負荷が河川に与えられている．一方で，農地からの負荷の多くは規制されておらず，相対的に河川への影響は大きいと考えられる．

　農地からの影響の代表的なものが硝酸汚染で，世界的に問題になっている．とくに畑からの負荷が大きい．肥料として散布されたアンモニア化合物が水に溶けるとアンモニウムイオン（NH_4^+）になる．土壌はおおむねマイナスに帯電しているため，プラスの電荷をもつ NH_4^+ は土壌に吸着され，その場に留まる．空隙が多く，酸化還元電位（oxydation-reduction potential：ORP）が高い畑では速やかに酸化され，NO_3^- になる．マイナスの電荷をもつ NO_3^- は土壌に保持されず，地下水に供給されることになる．これが河川に流入すると，河川水中の NO_3^-–N 濃度が上昇する．

　窒素などの栄養塩だけでなく，農業の過程で土壌も河川供給される．水田では稲を植える前に，水田に水を張り，耕すことで，土壌と肥料を混合させる（代掻き）．このとき，水には多くの土壌粒子が懸濁する．田植えのためには水位が低くなければならず，少し間をおいて，水が地下に浸透するのを待つ必要があるが，農家の多くは兼業農家で作業時間が限られている．そのため，代掻き後，強制的に水を排出し（強制落水），田植えを行う．水田から排出された水には窒素やリンなどの養分だけでなく，細かな土壌粒子（粘土粒子：シルト）が多く含まれている．この土壌粒子は河川では河床に堆積し，河床の間隙を埋める．そのため堆積物中の水の通りが悪くなり，DO が供給されなくなるため，河川環境が還元的になる．図 8.4 に琵琶湖の流入河川の河床の粒子サイズを，図 8.5 に DO 濃度を示す．境川は水田地帯の排水路の役割を担っている河川である．流域に水田が多い安食川，蛇砂川，中の井川の土壌は細かい分画の粒子が高い割合で含まれており，DO 濃度が低い，または堆積物と水中の差分が大きいことがわかる．水田由来の土壌粒子が厚く堆積すると還元環境はより進行する．図 8.6 に河床の泥深と河床から放出されるメタン（CH_4）の濃度を示す．泥深（細かな粒子の層）が 10 cm より深くなると，還元的な環境下で生成される CH_4 が増加しているのがわかる．DO の濃度はバクテリアの代謝に

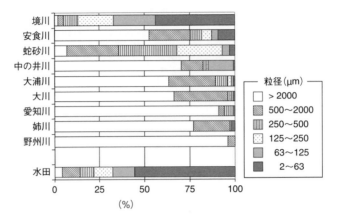

図 8.4 琵琶湖への流入河川堆積物の粒度分布
（Yamada *et al.*, 2012）を一部改変.

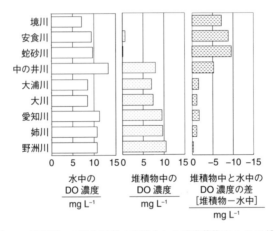

図 8.5 琵琶湖への流入河川の表流水および堆積物中の DO 濃度
（Yamada *et al.*, 2012）を一部改変.

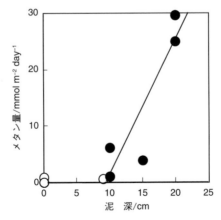

図 8.6 河川堆積物の泥深と河床より放出されるメタン量の関係
泥深：● 10 cm 以上，○ 10 cm 以下．（小笠原貴子氏 提供）

影響を及ぼし，物質循環を変えるだけでなく，魚介類の生息環境にも影響を及ぼすことになる．

　強制落水などによる水田からの物質負荷は比較的水資源の豊かな地域で起こる．水資源に乏しい地域では農業が直接的な負荷源になるよりも，水資源の確保のために行う水利用や堰やため池といった構造物の設置が流域の水循環を人為的に改変し，間接的に大きな影響を与えている．これについて次に説明する．

8.3　流域の水利用と河川水質

8.3.1　河川の分断化と河川の水質

　先に河川の連続性について述べたが，実際の河川は利水や治水のために河道が改変されている．ダムや堰などの構造物は河道を横断して設置されるため，上流から下流への河川水の流れを遮断する．流れが滞ると河川水の**滞留時間**（residence time）が増加し，物質循環や生物相に影響が及ぶことになる．まず，一次生産の構造が大きく変わる．滞留時間が増加することにより河川が湖沼のような環境になる．一般的に日本の河川では，水は上流から河口まで1〜3日で到達する．植物プランクトンの分裂には2〜3日必要なことから，河川水中では植物プランクトンが存在しにくく，検出される藻類はもっぱら付着藻類である．しかしながら，ダムや堰で河川水が堰き止められ滞留時間が増大すると，植物プランクトンが分裂するための時間が確保され，栄養塩が十分に存在すると増殖することになる．

　河川水が堰き止められて形成されるダム湖では滞留時間が数カ月になるため，栄養塩の供給が多い平野部のダム湖は，おおよそ**富栄養湖**（eutrophic lake）に匹敵する水質である．

8.3.2　ダム湖の水質

　多くの河川で，河川水を利用するために，河道にダムや堰が設けられている．ダム湖の場合は貯水時間，水の利用状況や雨の降り方にもよるが，水の入れ替わりの期間はおおむね1カ月以上になる．そうすると，湖沼と同じ環境が形成される．もともと水を貯水するのが目的であるため，水深は数十mあり，春から秋にかけては明瞭な**水温躍層**（thermocline）が形成される．流入負荷が少ない山岳地のダム湖は**中栄養湖**（mesotrophic lake）のレベルにあるが，平野部で流入負荷の大きいダム湖は富栄養湖から**過栄養湖**（hypertrophic lake）であり，表水層では植物プランクトンによる有機物の生産が多く，**深水層**（hypolimnion）では**表水層**（epilimnion）から沈降してきた植物プランクトンの分解による酸素欠乏が起こっている（図8.7）．この状況は，自然湖沼と同様に湖内の物質循環に影響を与えるだけでなく，下流の生態系にも影響を与える．ダム湖から植物プランクトンを起源とする懸濁態有機物や濁りの成分であるシルトが供給されると，それによってもたらされる食物連鎖や生息環境などに適した水生昆虫が増えるなど，生物相の変化が表れることが知られている（谷田・竹門，1999）．

　また，ダム湖による貯水と湖水の利用により，河川の流れにそった水温変化には不規則性がもたらされる．

　日本の平野部の多くのダム湖は**亜熱帯湖**（subtropical lake）であり，春から秋の水温分布は

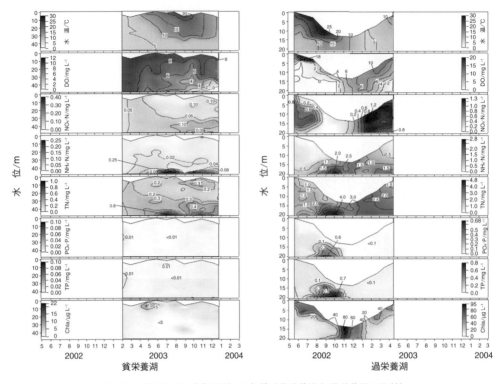

図 8.7 長柄ダム湖（香川県）の水質（貧栄養湖と過栄養湖の比較）
Chla：クロロフィル a.（Nakashima et al., 2007）を改変.

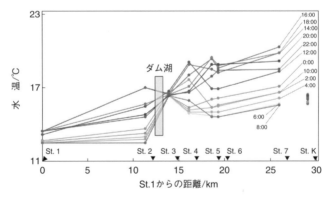

図 8.8 晴天時の流下に伴う河川の水温変化（綾川：2014 年 10 月 19 日）
（梶浦平旭氏 提供）

表水層で高く，深水層で低い（図 8.7）．これを流入河川水の水温と比べると，ダム湖の表水層の水温は流入河川水に比べ高く，深水層は低くなる．それゆえ，どの層の水を放流するかによって下流の水温が変化し，流入端の水温とその変化に対して乖離が発生することになる．通常は両者の乖離を少なくするように調整がされているが，用水の供給が優先されるため，下流の水温変化が不自然になることも多い．図 8.8 に示すのは，ある河川の上流から下流における水温の

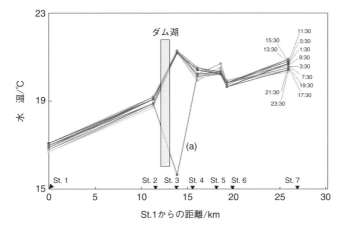

図 8.9 ダム湖直下での急激な水温変化の例（綾川：2014 年 10 月 5 日）
(a) 放流水深の変化に伴う水温変化．（梶浦平旭氏 提供）

日変化である．ダム湖のすぐ下流では水温が一定に収束しているのがわかる．河川では太陽光の入射量と河川からの放射のバランスにより，水温は日変化をしている．しかし，水が安定的にダム湖の一定の層から放流されているときは，放流水の水温は常に一定になる．一方で，放流を確保するため，放流する層を変化させた場合は，放流水の水温も変化する．放流するゲートの操作は短時間で行われるため，放流水の水温は急激に数℃変化することになる（図 8.9）．このような人為的な河川水温への影響も生物相へ影響を与えることになり，とくに魚類相に及ぼす影響が指摘されている．

8.3.3 堰によって形成された止水域の水質

河川にはダムに加えて，**堰**（weir）も数多く設けられている．堰はダム湖に比べ水深の浅い止水域を形成し，おもに河道から用水を取水することを目的としている．水の滞留時間が短いため，ダム湖に比べれば水質汚濁に及ぼす影響は少ないが，河川水の滞留時間の増大は植物プランクトンの増殖を促進している．堰は，ダムに比べて個々の影響は小さいが，河川に設置される数は多くなるため，連続体として影響を評価することが必要である．

水資源が乏しい地域では河川水が少ないため，相対的に多くの水が水利用のために取水される．流域で使われた後，ふたたび河川に戻されるため，中下流では河川水に占める人為起源の水（人間により取水，利用された水）の割合が高くなる．香川の主要河川における上流から下流に向けた $\delta^{18}O$ の変化をみると，上流では $-8‰$ 程度であるのが，下流では $-6‰$ まで上昇する（図 8.10）．地表水の $\delta^{18}O$ は雨の平均的な値を反映するが，蒸発作用を受けると値が上昇する．一般的に，源流域では河川水の $\delta^{18}O$ は雨の平均的な値を示す．流下するにつれて上昇するが，日本の河川では滞留時間が短く，その程度は小さい．図 8.10 の新川では全長が 30 km 程度と短いにもかかわらず，中下流で 2‰ 程度の上昇がみられる．水の $\delta^{18}O$ は蒸発で上昇することから，流域で長時間滞留した水が河川へと供給され，河川水の主たる水源となっていることを示している．流域で水が滞留し，蒸発を受ける場所としては，ため池や水田が考えられる．

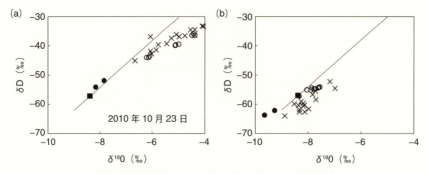

図 8.10 新川流域における $\delta^{18}O$ と δD との関係[2]

(a)2010 年 10 月 23 日（平水時），(b)2011 年 7 月 16 日（洪水時）．
●：河川源流の値，○：河川中下流の値，×：ため池の値，■：香川用水の値．直線は GMWL である[3]（Craig, 1961）．(Yamada et al., 2015) を一部改変．

　流域で窒素やリンの栄養塩が豊富な状態で水が長時間滞留すると，植物プランクトンが増殖する．平野部に存在する富栄養なため池で見られる現象である．このようなため池の水が河川に供給されると，多くの植物プランクトンも一緒に供給されることになる．先にも述べたが，日本の河川は急峻で，河川流路が短く，水の滞留時間が少ないため，河川水中では植物プランクトンは増殖できない．一次生産の主体は河床の付着藻類である．しかし，香川県の主要河川である新川の藻類の組成をみると植物プランクトンが主たる構成種であり，その量は過栄養湖に匹敵する（表 8.1）．中下流で $\delta^{18}O$ が上昇することを併せて考えると，ため池から河川に多くの植物プランクトンが供給されていると考えることができる．さらに，河道には多くの堰が存在し水が滞留するため，河川に供給された植物プランクトンはそこでも増殖することになる（Fukuda et al. 2014）．

　このような背景のもと，水資源の乏しい流域では，有機物汚濁が深刻である．河口堰で堰き止められた水域の DO 濃度の変化をみると，水温が高い夏期では魚が生息できる 40%（飽和濃度に対する実際の濃度の比率）をしばしば下回り，枯渇することもある（Yamada et al., 2011）（図 8.11）．この水域の水深が 1.4 m であること考えると，通常では水流や風による撹乱により酸素が供給されるため，DO 濃度は飽和濃度（100%）を大きく下回ることはないと考えられる．しかしながら，植物プランクトンの遺骸など，比較的分解しやすい有機物が多量に河床に供給されると，DO の消費速度が速くなり，酸素が枯渇するのである．

---

[2] $\delta^{18}O$：試料の $^{18}O/^{16}O$ 比を標準物質であるウィーン標準平均海水（Vienna standard mean ocean water：VSMOW）の $^{18}O/^{16}O$ 比で割ったものの千分偏差．
　δD：試料の $^2H/^1H$ 比を VSMOW の $^2H/^1H$ 比で割ったものの千分偏差．
[3] GMWL：天水線（global meteoric water line），地球上の多くの地点の降水の値をプロットしたもの．$\delta D = 8 \times \delta^{18}O + 10$（Craig, 1961）．プロットが直線から右に離れる（^{18}O が相対的に高くなる）ほど，地表面で蒸発（同位体的に非平衡な蒸発）を多く受けていることを示す．

表 8.1　新川河口堰で堰き止められた河川水中の植物プランクトンの現存量

観測日時	2016/5/27		2016/8/12	
優占順位	種　名	細胞数	種　名	細胞数
1	*Planktothrix agardhii*	1.3×10^4	*Planktothrix agardhii*	1.9×10^3
2	*Aphanocapsa elachista*	3.3×10^3	*Oocystis* sp.	9.7×10^2
3	*Anabaena* sp.	1.6×10^3	*Merismopedia punctata*	7.7×10^2
4	*Aulacoseira ambigua*	1.1×10^3	*Aphanizomenon* cf. *gracile*	7.2×10^2
5	*Scenedesmus armatus*	1.1×10^3	*Pediastrum boryanum*	5.0×10^2
6	*Staurosirella pinnata*	8.9×10^2	*Scenedesmus ecornis*	4.1×10^2
7	*Cyclotella* sp.	8.4×10^2	*Pediastrum duplex*	3.8×10^2
8	*Golenkinia radiata*	8.0×10^2	*Pediastrum simplex*	3.8×10^2
9	*Oocystis* sp.	5.8×10^2	*Cryptomonas* sp.	3.1×10^2
10	*Merismopedia glauca*	3.8×10^2	*Aulacoseira ambigua*	2.9×10^2

観測日時	2016/10/25		2017/2/16	
優占順位	種　名	細胞数	種　名	細胞数
1	*Microcystis aeruginosa*	4.8×10^4	*Cyclostephanos dubius*	3.6×10^4
2	*Microcystis wesenbergii*	1.3×10^4	*Planktothrix agardhii*	7.2×10^3
3	*Aphanocapsa elachista*	1.3×10^4	*Staurosirella pinnata*	1.9×10^3
4	*Planktothrix agardhii*	9.9×10^3	*Aphanizomenon* cf. *gracile*	1.4×10^3
5	*Pseudanabaena limnetica*	3.8×10^3	*Scenedesmus quadricauda*	1.4×10^3
6	*Merismopedia glauca*	2.9×10^3	*Melosira varians*	5.3×10^2
7	*Aulacoseira ambigua*	1.9×10^3	*Aulacoseira ambigua*	4.6×10^2
8	*Cryptomonas* sp.	5.0×10^2		
9	*Aulacoseira granulata* var. *granulata*	2.9×10^2		
10	*Scenedesmus armatus*	2.9×10^2		

単位：cell mL^{-1}.　　　　　　　　　　　　　　　　　　　　　　　　（森貞里咲氏 提供）

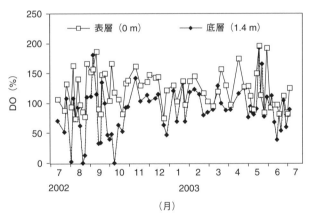

図 8.11　新川河口堰により形成された止水域における DO の変化
（Yamada *et al.* 2011）

8.4　河床の酸化還元環境

　河川の物質循環の活性部位は河床である．堆積物表層では，生物生産，有機物の分解が狭い空間の中で起こっている．これらのプロセスに影響を与えるのが DO 濃度で，濃度によって活動するバクテリアが変化し，物質循環が決まってくる．先にも述べたが，河川の河床に堆積し

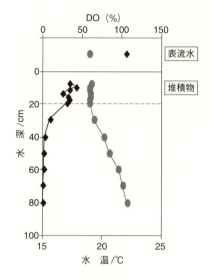

図 8.12 表流水および河床堆積物の DO (◆) および水温 (●) の鉛直分布 (2013年10月18日)
(黒田敬彬氏 提供)

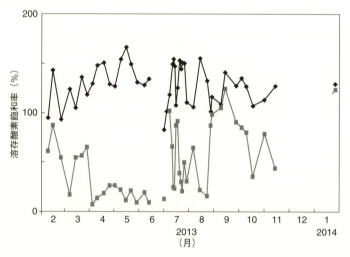

図 8.13 表流水 (◆) および堆積物 (8 cm, ■) の溶存酸素飽和率の経時変化
溶存酸素飽和率：式 (9.1) 参照. (黒田敬彬氏 提供)

ている粒子は比較的粒径が大きく，水を通しやすい．粒径が細かい粘土粒子が多く堆積すると水の流れが悪くなり，酸素が供給されにくくなるため，間隙水中の DO 濃度は低くなる．

一方で，間隙水中の DO 濃度は供給される有機物の量にも依存する．図 8.12 は，河川水中に植物プランクトンが多い河川堆積物の DO 濃度の鉛直分布を示したものである．この河川の河床は真砂で構成されており，砂粒の粒径は比較的大きい．水中では植物プランクトンの光合成のため飽和率が 100% を超えているが，堆積物の中では分解により消費されるため，表面に近い部分でも 50% を下回っており，40 cm 以深では DO は枯渇している (図 8.13)．

堆積物中 (8 cm) の DO 濃度は経時的にも大きく変動している (図 8.13)．河川水の DO 濃度から堆積物中の濃度を差し引いた値と流速との関係を比べると，良い相関が見い出された．

つまり，有機物の供給が多い環境では分解による酸素の消費が速く，流速の低下に伴って河川表流水からの DO の供給が少なくなると，堆積物中の DO も少なくなるのである．

　河床は河川の物質循環の中心である．この調査では，堆積物中で DO が $1\,\mathrm{mg\,L^{-1}}$ 程度になると，NO_3^- 濃度が少なく，NH_4^+ 濃度が大幅に増加した．NH_4^+ の硝化（nitrification）が行われなくなっており，その先の硝酸を基質とする脱窒（denitrification）が行われていないと考えられる．また，硫酸濃度も河川表流水に比べ 30% 程度少なく，硫酸還元（sulfate reduction）が行われていた．メタンに関しては，河川表流水より若干ではあるが減少しており，メタン酸化の機能は有していた．

　このような物質循環の変化は，河川生態系にも影響を及ぼすことになる．河川環境を考えるうえでは，河川水中の水質や生物相だけでなく，河床環境を調べることも重要であることがわかる．

第8章　演習問題

問1 河川では，水の流れに沿って物質循環や生物相がどのように変化するか説明せよ．

問2 ダムや堰などの河道に設置された構造物が河川生態系に与える影響について説明せよ．

問3 河川水中や堆積物表層が還元的になると，物質循環がどのように変化するか説明せよ．

第8章　文　　献

千木良雅弘（1988）地質学雑誌，**94**，419–431．
千木良雅弘（1992）土と基礎，**40**，71–79．
Craig, H. (1961) *Science*, **133**, 1702–1703.
Fukuda, T., *et al.*（2014）*Ecol. Civil. Eng.*, **17**, 89–99.
広瀬　顕ほか（1988），京大演報，**67**，40–50．
香川県河川砂防課（2005）砂防情報システム 2005．
金井　豊ほか（1999）地質調査所月報，**49**，425–438．
Nakashima, S., *et al.* (2005) *Limnology*, **6**, 53–60.
Nakashima, S., *et al.* (2007) *Limnology*, **8**, 1–22.
関　陽児ほか（1999）地質調査所月報，**50**，683–697．
鈴木雅一（1985）日本林学雑誌，**67**，115–125．
谷田一三，竹門康弘（1999）応用生態工学，**2**，153–164．
Vannote, R. L., *et al.* (1980) *Canadian J. Fisheries Aquatic Sci.*, **37**, 130–137.
Yamada, Y., *et al.* (2011) *Limnology*, **11**, 267–272.
Yamada, Y., *et al.* (2012) *Limnology*, **13**, 149–154.
Yamada, Y., *et al.* (2015) *Limnology*, **16**, 127–137.
吉田知司，池田早苗（2004）分析化学，**53**，1487–1493．

第9章

湖　沼

9.1　はじめに

水域は，水の流動性から**流水域**（running water area）と**止水域**（standing water area）に分けられる．流水域には河川が（第8章参照），止水域には海洋や湖沼が挙げられる．止水域といっても完全に水が停滞しているのではなく，河川などに比べて水の動きが遅く，一見水の動きがないようにみえるだけである．

湖沼は，独自で豊かな生態系を育むだけでなく，われわれ人間の水源としても重要である．また，湖沼のまわりはわれわれに憩いの場を提供してくれる．日本においても湖沼は豊富に存在し，われわれにとってたいへん身近な存在である（付表　国立天文台 編，2016）．

9.2　湖沼の成因

湖沼は，窪地に水が溜まってできる．つまり，窪地を形成した要因が湖沼の成因である（沖野，2002）．窪地が形成される要因としては，おもに侵食作用，堆積作用，火山活動，地殻変動，生物作用などが挙げられる．湖沼の成因によって，湖盆形態，水質，物質循環は異なるため，湖沼生態系はその成因に大きく支配されているといえる．

9.2.1　侵食作用

侵食によって形成された窪地，侵食盆地に水が溜まってできた湖を**侵食湖**（scooped lake）とよぶ．侵食作用には，河川水，氷河，風，溶解などが挙げられる．

① 河川水による侵食　　河川の蛇行によって本川から分離し，湖となって取り残されたものを**河跡湖**（oxbow lake）という．また，湖の形状が三日月形になっているものをとくに三日月湖とよぶ．日本では，利根川，信濃川，石狩川など大きい河川の周辺に多い．そのほかにも，雨期や洪水時に河川の水位が上昇すると河川水が湖に流入し，その後水位が低下すると河川水が湖から流出する**氾濫湖**（floodplain lake）などがある．熱帯地方などに多い．

② 氷河による侵食　　氷河が流れることによって削られてできた窪地に湛水してできた湖を氷

98 第9章 湖　沼

河湖（氷食湖，glacial lake）という．氷河がある地域にみられ（口絵3），日本ではみられない．

③ 風による侵食　　海岸の砂丘や砂漠など，乾燥して植物のあまり生えていないような地域では，風によって窪地がつくられ，湛水して湖となる．中国の砂漠や南アフリカ共和国などにみられ，日本ではみられない．

④ 溶解による侵食　　地層が石灰岩や岩塩などで形成されている地域では，水の溶解力によって地層が溶解し，窪地がつくられる．その窪地に湛水した湖を**溶食湖**（solution lake）という．ヨーロッパや北アメリカなどでよくみられる．

9.2.2　堆積作用

地震や地滑りなどの山崩れで谷が堰き止められたり，火山の噴出物によって河川が堰き止められたりしてできた湖を**堰止湖**（dammed lake）とよぶ．中禅寺湖は，火山の噴出物が谷を埋めてできた堰止湖である．また，河川において土砂が多いと堆積して流れを止め，浅い湖を形成する．千葉県の手賀沼や印旛沼がこれにあたる．

海岸域では，砂の堆積による堰き止めで**海跡湖**（lagoon）が形成される．島根県から鳥取県にまたがる宍道湖・中海は海跡湖に分類される（口絵4）．とくに中海は，日本最大の砂州である弓ヶ浜の形成によって，日本海と隔てられているのがわかる．日本は島国であるので海跡湖ができやすい．日本の全湖沼面積の約44％が海跡湖であり（付表），またそのほとんどが淡水と海水が混合する**汽水湖**（brackish lake）である（高安，2001）．

9.2.3　火山活動

火山の爆発によって生じた窪地に湛水した湖を**火山湖**（volcanic lake）とよぶ．火山の火口に湛水した**火口湖**（crater lake），1回だけの爆発によってできた火口に湛水した**マール**（maar），爆発とそれに伴う構造運動でできた**カルデラ湖**（caldera lake）に分類される．日本の湖沼を最も特徴づけているのは，これらの火山湖である（西条，三田村，1995）．火口湖では草津白根山の湯釜（口絵5）や蔵王山の御釜，マールでは男鹿半島の一の目潟，二の目潟，三の目潟，カルデラ湖では青森県の十和田湖，北海道の摩周湖などが有名である．硫黄など火山由来の化学物質の含有量が高い湖が多い．

9.2.4　地殻変動

褶曲運動や断層運動など地殻変動によって形成された窪地に湛水した湖を**構造湖**（tectonic lake）あるいは**断層湖**（fault lake）とよぶ．大きく深い湖が形成される特徴がある．日本では琵琶湖，諏訪湖などが挙げられる．また世界最大の水深をもち，世界の淡水の約20％を保有しているロシアのバイカル湖，水深および水量ともバイカル湖に次ぐアフリカのタンガニーカ湖なども構造湖である．

9.2.5　生物作用

日本ではみられないが，ビーバーは巣づくりのために，水辺の植物と堆積物を使って川を堰き止めてダム（ビーバーダム）をつくる．これはビーバーの営みに必要な作業である．一般的

には小規模なダムであるが，アメリカビーバーはまれに長さが数百メートルに及ぶ湖をつくることがある．

人間がつくるダムも，生物作用による湖といえる．ダムは，治水や利水を目的に河川を堰き止めてつくられる．沖野 (2002) は，ダムは自然とは言い難いものの，生物作用によってつくられる湖のなかで最も大きく，陸水のひとつとして考えていく必要があると述べている（8.3節も参照）．

9.3 湖沼の生態区分

湖沼においてみられる諸現象は生物が関与している過程が多い．生物のなかでもとくに，一次生産を担い物質循環の基礎を築く光合成生物（一般的に植物）群集は重要視され，湖沼の生態区分はそれらが生育に必要な光条件を中心にまとめられている（図 9.1）．

まず，鉛直方向から湖沼を見てみる．湖水に光が入り光合成が十分に行われる層を**有光層**（euphotic layer），それより深く光が届かない層を**無光層**（aphotic layer）とよぶ．それらの層の境界面を**補償深度**（compensation depth）とよぶ．補償深度は，透明度（1.4節参照）の 2〜2.5 倍の深度に位置し，その光量は湖水に侵入する光（水中相対照度）の約 1% になるところといわれている．無光層のとくに湖底に近い部分を**深底部**（profundal zone）という．

面方向からみてみると，湖沼は水深が浅い**沿岸帯**（littoral zone）と深い**沖帯**（pelagic zone）に分けられる．有光層の範囲で，沿岸帯の光合成生物はおもに水生植物と，それらや堆積物に付く付着藻類であり，沖帯ではおもに植物プランクトンである．水生植物の生育限界もまた光条件で決定され，その深度は補償深度とほぼ等しい．

沿岸帯は水生植物の分布によって，抽水植物帯，浮葉植物帯，沈水植物帯に分けられる．抽水植物は，根を堆積物中に張り，茎や葉，花（穂）を大気中に展開する植物で，ヨシ，ガマ，イグサなどが挙げられる（図 9.2）．浮葉植物は，根は堆積物中にあり，茎を水中に伸ばし，水面に葉を展開させる．ハスやヒシなどがある（口絵 6）．沈水植物は，根は堆積物中にあり，茎と葉の展開はすべて水中である．バイカモ，エビモ，カナダモなどが挙げられる（口絵 6）．魚を飼育する水槽に，沈水植物を植えて美しく彩られている場合がある．これらの水生植物帯は，湖沼を上からみると帯状に分布している．水生植物の役割は光合成による有機物の生産だけでなく，魚類にすみかや産卵場所を提供している．近年多くの湖沼で護岸工事などのために沿岸帯が消失しているが，ほとんどの魚類が沿岸域を生活史の一部に組み入れているため，沿岸帯の

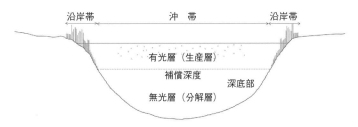

図 9.1 光条件による湖沼の生態区分

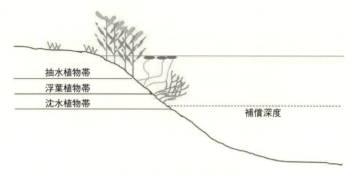

図 9.2 湖沼沿岸帯の生態区分

衰退は湖沼生態系全体に影響を及ぼすことになる．また，富栄養化により植物プランクトンによる濁りが増えると光が届く水深が浅くなり，沿岸帯の植生も衰退する．

9.4 湖沼の層構造

　自然湖沼は閉鎖性水域であるが，湖盆の中では水は動いている．水を動かすエネルギーは太陽光と風で，とりわけ太陽光が与えるエネルギーが湖沼に固有の水循環を作り出す．光が届く層である有光層では，入射する光の強弱により，水温が季節的に変化する．一方で，光が届かない無光層では水温は変化しない．鉛直的にみて（水面から湖底），水温が変化する層を表水層，変化しない層を深水層とよび，2つの層の間で，水温が大きく変化する層を**水温躍層**（thermocline）という．表水層の水温が高く，それに比べて深水層の水温が低いときは，前者が軽い水，後者が重い水となり，両者の間に密度差が生じるため，物理的に安定な環境になる．このような現象を**成層**（stratification）とよび，出現する季節を**成層期**（stagnation period）とよぶ．成層期は層構造が安定なため，湖水全層の鉛直循環は起こらない．

　たとえば琵琶湖では，表水層の水温は季節変化を示し，深水層の水温は1年を通してほぼ同じである．およその水温を季節ごとに示すと（図 9.3，図 3.6 も参照），春期には表水層の水温は 10～20℃，深水層では 7℃程度で，水深 40 m 付近に水温躍層ができる．秋期も春と同様な水温分布を示す．夏期は水温が 20℃後半まで上昇する一方で，深水層の水温はほぼ 7℃のままであり，水温躍層は 15～20 m に形成される．冬期は，表水層の水温が 6℃程度まで低下して深水層と同じになる．密度差がなくなり，水温躍層が消滅するため，鉛直的に湖水の全層循環が起こる．この季節を循環期とよび，年に1回の循環期が存在する湖を**亜熱帯湖**（subtropical lake）という（8.3.2 項参照）．

　寒冷なロシアのシベリア地域に位置するバイカル湖は，水温は琵琶湖に比べて低い．表水層の水温は 0℃以下から 15℃程度，深水層は約 4℃で一定である（図 9.4）．おおよその季節変化をみると，春期と秋期は循環期に相当し，約 4℃で全層同じである．夏期は表水層で 15℃，深水層で 4℃となり，200～300 m の間に水温躍層が形成される．冬期は，深水層は 4℃のままであるが，表水層の水温は 4℃より低くなり，結氷する．水の密度は 4℃で最大になるため，表水層が 4℃より低くなっても，密度的に安定な環境になる．このような現象を**逆成層**（inverse

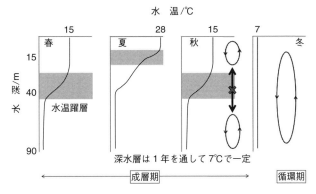

図 9.3 亜熱帯湖の水温変化——琵琶湖を例にして

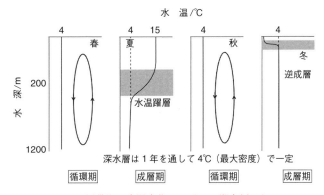

図 9.4 温帯湖の水温変化——バイカル湖を例にして

stratification）とよぶ．また，バイカル湖では年間 2 回の成層期が存在し，このような湖を**温帯湖**（temperate lake）という．

9.5 水質からみた湖沼の分類

　湖沼は一次生産量（9.7 節参照）や化学的特徴によって分類される．代表的なものが湖沼型とよばれるもので，これに従うと，湖沼は生物にとって必要な栄養分が適度に存在し，一般的な生態系が調和を保っている**調和型湖沼**（harmonic lake）と，生物にとって不必要な物質や条件が多いため，特殊な生態系が形成されている**非調和型湖沼**（disharmonic lake）に分類される．調和型湖沼は一次生産や栄養塩類の濃度に応じて以下のように分類される．

① **過栄養湖**（hypereutrophic lake）　　下記の富栄養湖基準を上回る湖を，とくに過栄養湖とよぶことがある．本書で紹介している長柄ダム湖（図 8.7）がこれにあたる．

② **富栄養湖**（eutrophic lake）　　リン酸や窒素化合物の栄養塩類が多く，植物プランクトンによる一次生産が活発な湖．諏訪湖，宍道湖，中海などがこれに分類される．

③ **中栄養湖**（mesotrophic lake）　　栄養塩濃度は富栄養湖と貧栄養湖の中間で，一次生産が中程度である．琵琶湖が相当する．

④ 貧栄養湖（oligotrophic lake）　　栄養塩濃度が低いため，一次生産が活発ではなく，植物プランクトンは少ない．透明度が高く，水が澄んでいる．世界最大の淡水湖であるバイカル湖が相当する．

非調和型湖沼は水質の特徴によって以下のように分類される．

① 腐植栄養湖（dystrophic lake）　　生物起源の溶存有機物が多量に溶存する．フミン酸，フルボ酸などの水系腐植質が多く，水の色は黄褐色から褐色を呈す．高緯度地域や高山などの湿原や山間部のダム湖に多く分布する．一般に動物相は貧弱である．

② 酸栄養湖（acidophic lake）　　pH が 5.0 以下．腐植栄養湖と異なり，硫酸などの無機酸に起因する．火山や硫黄泉付近に多い．一般には生物の種類は少ない．pH 3.0 程度までの湖であればウグイが生息することがある．潟沼，東北地方の湖に多い．

③ アルカリ栄養湖（alkalinetrophic lake）　　炭酸ナトリウムなどの加水分解によって水酸化物イオンが生じることで，アルカリ性を示す．石灰岩地域や乾燥地帯の塩湖に多い．トルコにあるワン湖（Lake Van）が該当する．

富栄養化（eutrophication）とは，湖沼が誕生してから消滅するまでの一生を示したものでもある．生まれたばかりの湖沼は物質濃度も低く，一次生産も少ない．年月を経ることで，いろいろな物質や土砂が流入し，水深が浅くなるとともに，栄養塩濃度が高くなり，一次生産も増える．このプロセスが富栄養化であり，湖沼が長い年月を経てたどる遷移を表したものである．近年水質問題として問題とされる富栄養化は，リンや窒素の人為的な負荷による一次生産の増加を示したものであり，水深の変化は伴わないことが多い．湖沼が深いにもかかわらず一次生産が増大することで，物質循環系をゆがめるさまざまな問題がひき起こされる．

9.6　溶存酸素の分布

湖沼における溶存酸素（dissolved oxygen：DO）は，水棲生物の呼吸にとって重要である．大気中の酸素分圧が比較的低いこと（0.21 atm），酸素の溶解度がそれほど高くないという理由で水はきわめて少量の酸素しか含んでいない（Alexander, Charles 著，手塚 訳，1999）．冷たく酸素を十分に含んだ水でも，その酸素の溶存量は同じ容積の空気に含まれている酸素の 5% 以下である．そのため湖水中の酸素は欠乏しやすい．

湖沼への酸素の供給源は 2 つある．ひとつは大気からの供給であり，湖面を通して水中へ拡散する．もうひとつは，植物プランクトンや水生植物の光合成が挙げられる．どちらの供給源とも湖沼の表層に限られるため，深底部では酸素が制限されやすい．とくに深底部はさまざまな生物の遺骸が沈降し堆積しやすいため，それらを分解する微生物の呼吸によって DO は連続的に消費される．富栄養化に伴う生物量の増加は，枯死する生物量の増加を意味しており，結果として湖沼深底部の酸素の欠乏をひき起こす．湖水の無酸素化は，呼吸性生物の死が頻発し，生物にとって有毒な硫化水素（H_2S）やアンモニウムイオン（NH_4^+）など還元性化学物質の蓄積が起こる．さらに，長期にわたる無酸素化は，生物遺骸由来の有機物の分解が十分に進行せず，未分解の有機物が蓄積し，さらなる水質の悪化をひき起こす．

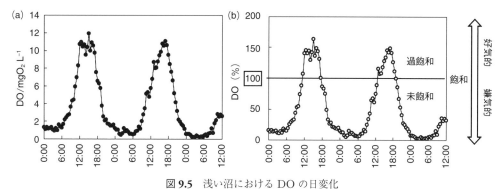

図 9.5 浅い沼における DO の日変化
(埼玉県にある水深 50 cm ほどの池，2007 年 6 月 27～29 日)

気体は，温度によって溶け込める量が大きく変化する．水温が低いと多く溶存し，高いと少なくなる．水中の DO は溶けている量（$mgO_2 L^{-1}$）のほかに，どの程度の割合で溶けているかを示す飽和率で表されることも多い．溶存酸素飽和率は，ある温度における大気（酸素分圧 20%）との溶解平衡濃度に対して酸素が溶けている割合を示したもので，式 (9.1) のように表される．

$$溶存酸素飽和率(\%) = \frac{D}{D_t B} \times 100 \tag{9.1}$$

ここで，D：試料水の DO 濃度，D_t：試料水採取時の同水温のもとにおける純水中の DO 濃度，B：試料水採取時の気圧（atm）である．

なお，試料水に塩分が含まれるときは，塩分補正をする必要がある（日本分析化学会北海道支部 編，1995）．

溶存酸素飽和率が，100% 付近を飽和，100% 未満の場合を未飽和，100% 以上の場合を過飽和という．また，DO がある程度ある環境を好気的環境，DO がない環境を嫌気的環境とよんでいる．好気的・嫌気的環境はとくに濃度によって定義されているわけではなく，相対的なざっくりした区分である（6.1 節）．

浅い沼では，日中の DO は大きく変動する（図 9.5）．とくに夏期においては，日中に光合成により DO は非常に高い濃度となるため過飽和となり，日が沈むと DO は微生物によって消費され急激に未飽和に転じる．

水深がある程度以上ある湖沼における DO の分布は湖水の層構造に大きく影響される．成層期の貧栄養湖における DO の鉛直分布は後に示す図 9.7 および 9.9 のようになる．植物プランクトンによる光合成・有機物生産が少なく，分解による酸素の消費も少ないため，DO 濃度は大気との平衡に支配され，飽和率はおおむね 100% である．濃度でみると，水温が高い表層では若干低くなる．深水層では，湖底まで DO が存在するが，堆積物中では有機物の分解のため減少し，DO が多い層と少ない層の境界（酸化還元境界）が堆積物中に形成される．

成層期の富栄養湖では，表水層中で植物プランクトンが活発に光合成を行っており，多くの酸素を生産している（図 9.8，9.10 を参照）．飽和率は大気平衡の 100% を超える．湖底付近では，活性を失って沈降してくる植物プランクトンの遺骸が分解され，酸素が消費される．上下

の水の混合がないので,表水層のDOが,深水層に供給されることはない.遺骸の供給量が多くなると,深水層のDOが使い尽くされ,枯渇することになる.酸化還元境界は水温躍層中に形成される.循環期は湖水の全層循環が起こるため,DO濃度は全層均一となる.

中栄養湖では,植物プランクトン遺骸の供給が富栄養湖ほど多くないので,湖底や水温躍層の有機物が溜まりやすい場所で,DO濃度が減少する.また,表水層の栄養塩が枯渇したときには,比較的栄養塩濃度が高い水温躍層付近で植物プランクトンが光合成を行うため,水温躍層の中心を挟む上下で,DOの増減がみられる.第4章で紹介した赤城大沼は中栄養湖に分類され,8月には湖底でDOが枯渇する様子が観察されている(図4.2).

前述したように,DOは微生物による枯死生物の分解,つまり有機物分解(無機化)に大きく影響するため,窒素やリンの循環は有機物分解に関与するDOの分布に大きく影響される(9.8節参照).

9.7　一次生産と分解過程

光合成生物は,太陽光エネルギーを利用して二酸化炭素(CO_2)から有機物($C_6H_{12}O_6$)と酸素(O_2)をつくり出す.

$$6\,CO_2 + 6\,H_2O \xrightarrow{\text{太陽光エネルギー}} C_6H_{12}O_6 + 6\,O_2 \tag{9.2}$$

式(9.2)のように,光合成生物が無機物から有機物をつくり出すことを**一次生産**(primary production)とよんでいる.ただし,このとき光合成とともに呼吸も同時に起こっていることに注意しなければならない.すなわち,一次生産量は,光合成により生産される総量である**総一次生産力**(gross primary productivity:GPP)から呼吸量を差し引いた**純一次生産力**(net primary productivity:NPP)として評価され,生産者の生物体に固定された量を示す.

多くの生物は,生きていくうえで有機物を食べる必要があり(従属栄養生物),無機物から有機物を合成できない.つまり無機物から有機物をつくり出す光合成生物(光合成独立栄養生物)がいないと,多くの生物が生きていけない.

前述したように,湖沼の有光層において,沿岸帯ではおもに水生植物と付着藻類が,沖帯では植物プランクトンが一次生産を担うことから,湖沼では水生植物,付着藻類,植物プランクトンが一次生産者とよばれる.

湖沼の無光層では,バクテリアや菌類などの微生物が活発に活動する.それらの微生物のうち従属栄養性のものは有機物を摂取し,呼吸をすることでエネルギーを得る.結果として有機物が分解されてCO_2を生じる(式(9.3)).

$$C_6H_{12}O_6 + 6\,O_2 \longrightarrow 6\,CO_2 + 6\,H_2O \tag{9.3}$$

有光層ではおもに一次生産が起こり,無光層では有機物分解が進むため,有光層を**生産層**(production layer),無光層を**分解層**(decomposition layer)とよぶこともある.

9.8 栄養塩

陸上の作物をたくさん収穫するためには，土壌に**栄養塩**（nutrient）を加える必要がある．湖沼においても同じで，栄養塩が豊富な湖沼は光合成生物がよく育ち，結果として生物量が多くなる．

栄養塩のなかでも窒素やリンは光合成生物の利用性が高く，不足しやすい．陸上において美味しい作物を大量に収穫するため，窒素やリンは大過剰に施肥される．作物に吸収されず余った窒素やリンは，水に運ばれて湖沼や海洋に到達する．過剰の窒素やリンは湖沼や海洋において植物プランクトンや海藻などの爆発的な増殖を触発する．これらの生物の増殖は，結果として深底部の無酸素化を招く．

湖沼の物質循環において，物質がどのくらい，どのように堆積していくか，あるいは堆積後どのくらい，どのように捕食や微生物分解を受けるかを明らかにすることは重要である．

9.8.1 窒素の循環

生態系の**窒素循環**（nitrogen cycling）は，おもに，窒素固定 → 有機物分解・無機化 → 硝化 → 脱窒 → 窒素固定，というサイクルで循環している．この循環が滞りなく起こっているとき，健全な生態系であるといえる（図 9.6〜9.8）．

窒素固定（nitrogen fixation）とは，窒素ガス（N_2）を窒素源とし，有機物として生体内に取り込む微生物過程をいう．窒素固定菌は，陸上ではマメ科植物の根に共生するなど広く存在するが，湖沼では栄養塩である NH_4^+ や硝酸イオン（NO_3^-）が欠乏すると，ラン藻類（シア

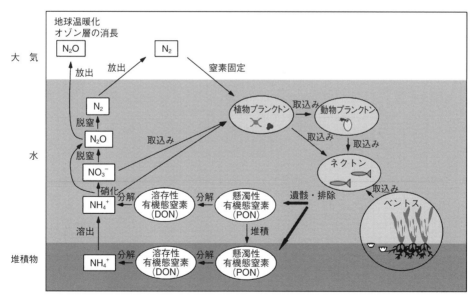

図 9.6 湖沼における窒素循環の模式図

プランクトン（plankton）：浮遊生物，ネクトン（nekton）：遊泳生物，ベントス（benthos）：底生生物．

第 9 章 湖 沼

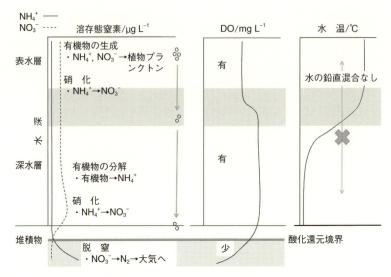

図 9.7 貧栄養湖の成層期における窒素動態，DO および水温

貧栄養湖では成層期であっても，表水層，深水層に豊富な DO が存在している．有機物が分解されて生成する NH_4^+ は，硝化細菌により速やかに NO_3^- になる．また，栄養塩が少ないことが植物プランクトンの増殖の制限になっているため，NH_4^+ や NO_3^- は速やかに植物プランクトンによって消費され，有機物に変換される．深水層では，NO_3^- が湖底堆積物中に存在する酸化還元境界以深で脱窒細菌によって，N_2 に変換される．貧栄養湖では，窒素は滞りなく循環する．

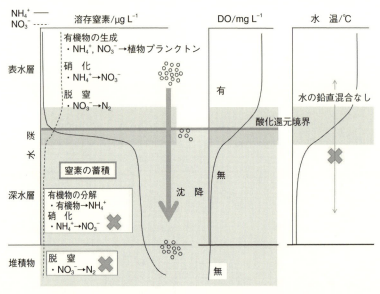

図 9.8 富栄養湖の成層期における窒素動態，DO および水温

富栄養湖の成層期では表水層には豊富な DO が存在するが，深水層にはほとんど存在しない．沈降してきた多くの植物プランクトンの遺骸が分解され NH_4^+ が生成するが，DO がないため硝化が起こらない．酸化還元境界層は水温躍層中に形成されているが，堆積物中に比べて微生物の量が少ないため，硝化や脱窒の速度は低い．このように，富栄養湖は，NH_4^+ が蓄積環境にあり，NO_3^- が生成されないために脱窒の効率が悪い．窒素循環が滞っている状態で，物質循環の点からみれば不健全な生態系であるといえる．

ノバクテリア）が窒素固定を行う.

生物の死骸や排泄物に含まれる固体の有機態窒素は懸濁性有機態窒素とよばれ，これは湖沼の底層に沈降し，微生物によって分解，低分子化し溶存性有機態窒素になる．さらに微生物分解を受けて，最終的には NH_4^+ に無機化されると考えられている.

潤滑な窒素循環が進行するのに最も重要な微生物過程として硝化と脱窒が挙げられる．硝化とは，NH_4^+ を亜硝酸イオン（NO_2^-）を経て NO_3^- まで酸化する過程であり，脱窒とは NO_3^- を NO_2^- を経て N_2 へ還元し，生態系の窒素を大気中へ放出する過程である．硝化は DO が存在する好気的環境で起こるのに対し，脱窒は嫌気的環境で進行する．このように硝化と脱窒は正反対の酸化還元環境で進行するため，硝化から脱窒への連続過程は DO の分布に強く制限される．下水処理場では人為的に好気的，嫌気的な環境を作り出し，硝化と脱窒を潤滑に進行させることができるが，湖沼における硝化–脱窒の進行は，隣接する脆弱な酸化還元環境に頼ることになる．一度，酸化還元環境のバランスが崩れると，窒素循環は停滞する.

硝化と脱窒は，系から過剰な窒素を取り除くという点以外にも，温室効果ガス（N_2O）のソース（source）として注目されている．N_2O は硝化からは副生成物，脱窒からは中間体として放出される．木崎湖（長野県）では DO が $0.1\,mgO_2\,L^{-1}$ となった層において硝化と脱窒に起因する多くの N_2O の蓄積が観察されている（Yoh $et\ al.$, 1983）．また汽水湖である宍道湖・中海においては秋期から冬期にかけて堆積物の脱窒由来の N_2O が湖水中に拡散して蓄積し，さらに冬期に吹き荒れる強い季節風によってそのほとんどが大気中に放出されることが示唆されている（Senga $et\ al.$, 2001）.

窒素は，幅広い酸化数をもつ元素であり（$-3\sim+5$），さまざまな化学種をとりうる．そのため，多様な微生物代謝においてさまざまな窒素化学種が検出，または予測されてきた．さらに窒素は酸性雨，富栄養化，地球温暖化など環境問題に絡むこと，また水質浄化技術の開発に関する観点から，古くから精力的に研究が進められてきた元素である．しかしながら，明らかになっていない過程がまだ存在する．たとえば，硝化と逆の過程である NH_4^+ への**異化型硝酸還元過程**（dissimilatory nitrate reduction to ammonia：DNRA）は，脱窒の起こらない非常に嫌気的環境下で進行されると考えられてきたが，近年では脱窒と同時に進行することが明らかとなっている．また，DNRA は，H_2S が存在するとき脱窒よりも優位に進行すると報告されている（Senga $et\ al.$, 2006）．さらに，新たに発見された嫌気性アンモニア酸化，**アナモックス**（Anammox；anaerobic ammonium oxidation）とよばれる過程は，その詳細をめぐって活発に研究が行われている（Mulder $et\ al.$, 1995）．アナモックスとは，嫌気的環境で NH_4^+ と NO_2^- からヒドロキシルアミン（NH_2OH）やヒドラジン（N_2H_4）を経て N_2 を生成する化学合成独立栄養性の微生物代謝である．アナモックスは従属栄養性の脱窒と比べると低エネルギーで進行するため，下水処理場などでのアナモックス技術の実用化なども期待されている.

9.8.2 リンの循環

自然界ではリンは岩石から，リン酸イオン（PO_4^{3-}）の形態で溶け出し，水中では 3 価の鉄イオン（Fe^{3+}）などと結合して，ふたたび沈殿するという**リン循環**（phosphorous cycling）を

108　第9章　湖　沼

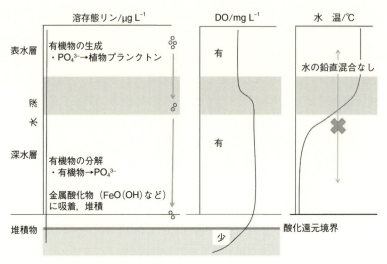

図 9.9　貧栄養湖の成層期におけるリン動態, DO および水温

貧栄養湖の表水層では, もともと PO_4^{3-} は少なく, 植物プランクトンに取りつくされており, 水中から検出されない. 深水層では, 植物プランクトンの遺骸の分解によって生成するが, DO が豊富な環境では, Fe^{3+} などの金属イオンと結合して堆積する. このように貧栄養湖では, 岩石から溶出したリンをふたたび岩石圏に回帰させるプロセスがはたらいているといえる.

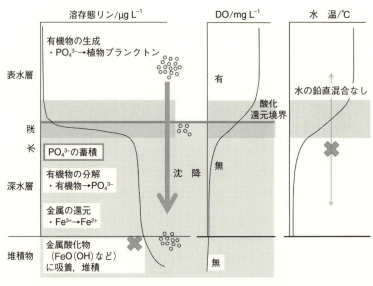

図 9.10　富栄養湖の成層期におけるリン動態, DO および水温

富栄養湖の成層期でも, 表水層では, PO_4^{3-} は植物プランクトンに取りつくされていることが多い. 深水層では多量の植物プランクトンの遺骸の分解によって PO_4^{3-} を回帰する. 富栄養湖の深水層では, DO がほとんどないため, 金属イオンは還元的な形態をしており (たとえば Fe^{2+}), PO_4^{3-} と結合しない. 結果として, PO_4^{3-} は水中に留まることになり, 岩石圏に移行しない. リン循環が途中で滞っている状況で, 物質循環の点からみれば, 不健全な生態系であるといえる.

示す．リンが溶け出す量は少なく，窒素に比べて濃度は低い．湖沼においてリンは，植物プランクトンなど光合成生物に取り込まれて有機態リンとなる（図 9.9, 9.10）．窒素と同じく生物の死骸や排泄物などの懸濁態有機リンは沈降し，微生物によって分解され低分子化して溶存態有機リンになる．さらに微生物分解を受けて，最終的には PO_4^{3-} に無機化される．窒素ほど複雑な微生物代謝は存在しない．湖沼の底層が好気的環境であるとき，PO_4^{3-} は Fe^{3+} などの金属イオンや粘土鉱物と結び付いて堆積し，湖沼生態系から除去される．一方，嫌気的環境が形成された場合は，PO_4^{3-} は金属イオンと結合せずに水に溶けた状態で湖水中に回帰し，蓄積される．

9.8.3 レッドフィールド比

植物プランクトンと動物プランクトンを構成する炭素と窒素とリンの元素組成比を，レッドフィールド比（Redfield ratio）とよぶ．

$$C : N : P = 106 : 16 : 1 \ （モル比）$$
$$= 41 : 7 : 1 \ （重量比）$$

この比は，式（9.4）で表される海洋のプランクトンを用いた光合成の反応式に基づいたものである．淡水域では若干ずれるといわれているが，湖沼においてもこの値は参考として研究に用いられている．

$$106\,CO_2 + 16\,NO_3^- + HPO_4^{2-} + 122\,H_2O + 18\,H^+ \rightleftharpoons$$
$$(CH_2O)_{106}(NH_3)_{16}H_3PO_4 + 138\,O_2 \qquad (9.4)$$

このなかで炭素は大気中の CO_2 から供給されるので不足することはない．一方で，窒素やリンは不足しやすい．プランクトンが何の制限もなく生育するときには，この比から大きくずれないが，窒素あるいはリンが不足するとき比は大きくずれる．これを利用してプランクトンの栄養塩の利用状況を知ることができ，さらに湖水中に存在する窒素とリンの程度を推察することができる．たとえば，以下のように重量比を用いて，湖水中の窒素とリンの不足の程度（N 制限と P 制限）[1] を知ることができる．

$$N\,制限：\frac{N\,量 \times 1000}{C\,量}\,の値が，< 130\,のとき$$
$$P\,制限：\frac{P\,量 \times 1000}{C\,量}\,の値が，< 20\,のとき$$
$$\frac{N\,量}{P\,量}\,の値が，> 10\,のとき$$

---

[1] 生物の成長・生殖などを妨げる環境因子を制限因子という．栄養塩として N が足りないときを N 制限，リンが足りないときを P 制限という．そのほかにも成長・生殖には温度や光などさまざまな環境因子が関わり，それらが不足，あるいは大過剰に存在して成長・生殖を妨害することも含めて制限因子とよんでいる．

9.9 湖底堆積物

湖底堆積物は，砂，礫，泥など無機鉱物や生物の排泄物や遺骸などの有機物からなる．有機物は，供給源の違いによって**自生性**（autochthonous）と**他生性**（allochthonous）に分けられる．湖沼は止水域であるので，湖内で生産されたほとんどの生物は他の水域に流されず，枯死すると水中でバクテリアや菌などによって徐々に分解されながら湖底に堆積する．生物の排泄物なども同じである．これらの湖内の生産に由来する有機物を自生性有機物とよぶ．また，その湖沼に流入河川がある場合，川の流れにのって有機物（生物）は流入してくる．外部から入ってくる有機物は他生性有機物とよんでいる．山から風にのって入ってきた木の葉やうっかりあやまって湖に落ちた昆虫など，対象となる湖沼以外の生態系で生産された有機物はすべて他生性有機物である．

堆積物の環境は，湖水とはまったく異なる．一般に，湖底堆積物は表層（数 mm～数 cm 以下）を除いて，還元的（嫌気的）な環境が発達しており，深くなるほど酸化還元電位（oxidation-reduction potential：ORP）が低くなる．湖水から堆積物への酸化還元環境の変化は，物質の動態に大きな影響を与える．たとえば，湖水の酸化的（好気的）環境下で鉄は水酸化鉄（$FeO(OH)$）を形成して湖底に堆積し，$PO_4{}^{3-}$ の溶出を妨害する．還元的環境に遷移すると，鉄は還元されて Fe^{2+} となりケイ酸と水酸化物イオンでケイ酸鉄を形成し，$PO_4{}^{3-}$ は溶出してくる．

微生物は，堆積物中の嫌気的環境においても適応し，嫌気呼吸や発酵を行って有機物を分解する．嫌気的環境の程度によって微生物活性の進行は異なり，ORP の低下とともに脱窒 → 硫酸還元 → メタン発酵 → 水素生成の順に代謝が変化する（図 6.2）．

第9章 演習問題

問 1 以下の語句を説明せよ．
  （a）有光層と無光層
  （b）湖水の成層
  （c）総一次生産力と純一次生産力
  （d）富栄養湖

問 2 ある湖の DO と水温を測定したところ，DO が $7.69\,\mathrm{mg\,L^{-1}}$，水温が 20℃ であった．なお，20℃ のときの飽和 DO 量は，$8.84\,\mathrm{mg\,L^{-1}}$ である．
  （a）この湖が平地にあった場合，DO の飽和率（％）を計算せよ．
  （b）また，この湖が標高 1500 m にあった場合，DO の飽和率（％）はどうなるか．100 m あたり気圧が 0.01 atm 減少するとして計算せよ．

第9章 文 献

Alexander, J. H., Charles, R. G. 著，手塚泰彦 訳（1999）『陸水学』，pp.125–145，京都大学学術出版会．

国立天文台 編（2016）『2016 年度版理科年表』，丸善出版.

Mulder, A., *et al.*（1995）*FEMS Microbiology Ecology*, **16**, 177–184.

日本分析化学会北海道支部 編（1995）『水の分析』，pp.221–226，化学同人.

沖野外輝夫（2002）『湖沼の生態学（新・生態学への招待）』，pp.21–57，共立出版.

西条八束，三田村緒佐武（1995）『新編　湖沼調査法』，pp.27–34，講談社サイエンティフィク.

Senga, Y., *et al.*（2006）*Estuaries, Coastal and Shelf Science*, **67**, 231–238.

Senga, Y., *et al.*（2001）*Limnology*, **2**, 129–136.

高安克己（2001）『汽水域の科学』（高安克己 編），pp.1–9．たたら書房.

Yoh, M., *et al.*（1983）*Nature*, **301**, 327–329.

第10章

湿地，沿岸域

10.1 はじめに

　陸域と水域の中間にある場を**移行帯**（ecotone）とよぶ．移行帯には，湿地や沿岸域が含まれる．湿地や沿岸域とよばれる水域には，湿原，河口域，潟湖，干潟などが存在する．移行帯は，隣接する陸域と水域の機能と形態をあわせもつため，その環境は多様で時間的・空間的に非常に複雑である．それに伴って，さまざまな物質の化学形態が変化し，その場を特徴づける．化学種の変化は，おもに化学過程と微生物過程に基づく酸化還元反応によって生じる．さらに，光合成生物による一次生産力が他の生態系よりも高い場でもあり，それを利用する数多くの生物種がみられる．これらの生物種は，複雑な環境に適応した特殊な種が多い．ラムサール条約とは，このようなおもに湿地や沿岸域に関する国際的な条約であり，その生態系の保存および適正な利用を図ろうとするものである．日本では，国内最大の湿原である釧路湿原（北海道）が1980年にラムサール条約に登録されたのを皮切りに，現在では登録湿地が50カ所にも及ぶ（環境省HP）．

　日本は小さな島国であるため，陸水は海域の影響を受けやすい．日本の沿岸域の特徴として，潮位差の大きい東シナ海，有明海，瀬戸内海，太平洋に接する沿岸域は干潟が発達しやすく，潮

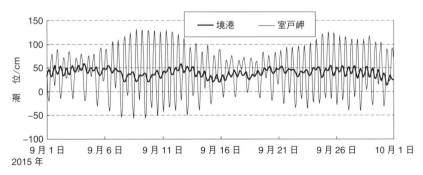

図10.1　境港（鳥取県，日本海側）と室戸岬（高知県，太平洋側）の潮位変動
（気象庁の潮位データ2015年を用いて管原が作成）

位差の小さい日本海側は汽水湖が形成される（図10.1）（高安，2001）．日本の全湖沼面積の約44%が海跡湖である（9.2.2項，付表参照）．

　本章では，淡水性湿地，河口域および汽水湖，干潟について取り上げる．また，このような移行帯で特徴的な動態を示す化学種の例として，硫化水素（H_2S，HS^-，S^{2-}，これらをまとめてH_2Sと表記）について取り上げる．

10.2　湿　　地

　湿地（wetland）とは，長期間にわたり水位が地表面にほぼ等しいか，地表面よりも高い土地のことをさす（岩熊，2010）．湿地の土壌は，おもに泥炭とよばれる植物遺骸が未分解または分解して腐植化したものからなる．泥炭地（peatland）とは，無機質基質を30〜40 cm以上の泥炭が覆っている土地をさし，生態系を意味する湿原（mire）とほぼ同義語で使われる．

　湿地は，丈の高い草本が優先する沼沢地（marsh），樹木に覆われた湿地林（swamp）に分類される（表10.1，図10.2，10.3）．また，泥炭地に存在する湿原として低層湿原（fen）と高層湿原（bog）が挙げられる．低層湿原では，水および栄養塩の供給源が地下水であり，地表面が地下水面より常に低い泥炭地である．高層湿原の水および栄養塩の供給源は降水であり，地表面が地下水面より常に高い泥炭地をさす．それぞれ低位泥炭地（low peat），高位泥炭地（high peat）ともよばれる．

　湿地の定義・分類法は，ヨーロッパ諸国や北米などではそれぞれの独特の景観をさまざまな

表 10.1　湿地の分類

特　性	湿地タイプ			
	沼沢地（marsh）	湿地林（swamp）	低層湿原（fen）	高層湿原（bog）
おもな水供給源	地表水		地表水・地下水	降　水
土　壌	鉱　物		泥　炭	
栄養塩供給	鉱　物			降　水
植　生	丈の高い草本	樹木により被覆	スゲ類・草本類	ミズゴケ類
pH	ほぼ中性			酸性
栄養段階	富栄養〜中栄養		中栄養	貧栄養

分類法

Gore（1983）	mire			
	marsh		fen	bog
Mitsch, Gosselink（2000）	mire			
	marsh	swamp	fen	bog
Charman（2002）	mire			
			peatland	
	marsh	swamp	fen	bog

従来の分類

日　本	沼沢地		低層湿原	中間湿原	高層湿原
			低位泥炭地	中位泥炭地	高位泥炭地
カナダ	marsh	swamp	fen		bog
米　国	marsh, swamp または fen				bog
ドイツ	Sumpf		Niedermoor		Hochmoor
他のヨーロッパ	marsh		fen		bog

Charman（2002）; Mitsch, Gosselink（2007）に基づく．（岩熊，2010）より．

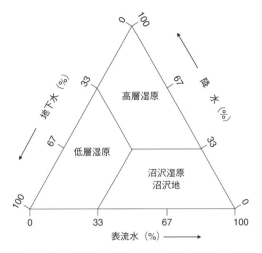

図 10.2　水の供給源（降水，地下水，表流水）からみた湿地タイプの分類
Keddy（2000）に基づく．（岩熊，2010）より．

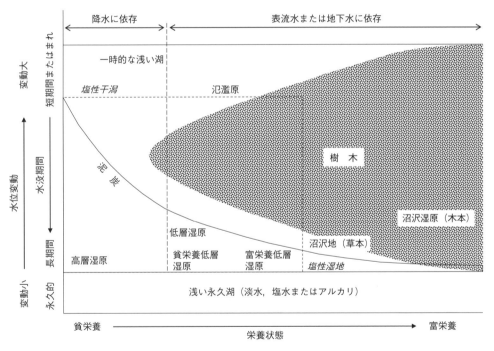

図 10.3　水域の持続性と栄養状態の 2 要素による湿地タイプの分類
泥炭とその寄与の大まかな分布域を図中に示す．斜体は塩性湿地．Gopal *et al.* （1990）に基づく．（岩熊，2010）より．

言葉で表現しており，日本で用いる湿地の概念と用語の統一は容易ではない．表 10.1 は，岩熊（2010）によって紹介された湿地の分類表である．

　湿地環境を特徴づける重要な生物相として水生植物とミズゴケ植物が挙げられる．**水生植物**（aquatic plant）とは地下水位の高い環境に適応した植物で，ヨシ，ガマまたはハスなどが一

図 10.4 イネの通気組織
茎を輪切りにして顕微鏡で観察．通気組織とよばれる空洞が多く存在するのがわかる．

般的によくみられる（9.3 節参照）．ミズゴケ類は，高層湿原に存在し，群生して厚い層をつくる（口絵 7）．淡水湿地および海水の侵入がある塩性湿地では，それぞれの環境に適したこれらの湿原植物が成長する（口絵 6 と 8）．

　水生植物は，陸上の植物と違って体内に通気組織とよばれる空洞を発達させており，この組織を介して嫌気的な湿地堆積物へ酸素を輸送し根の呼吸を助けているものが多い（図 10.4）．とくに抽水植物は大気中に組織の一部が出ているため，盛んに空気を根へ送り込むことができる．一方で，堆積物中で生成された気体を大気中へ放出する．これらの気体の中には，温室効果ガスである CO_2，CH_4，N_2O などが含まれることがあり，水生植物が繁茂する湿地から放出される温室効果ガスの見積もりが注目されている（Hirota *et al.*, 2007；千賀ほか，2010）．

10.3　河口域，汽水湖

　河口域（estuary）とは，河川水と海水が接触する水域のことである．そのため河口域では，塩分が大きく変化する（図 10.5）．塩分の単位には**実用塩分単位**（practical salinity unit：psu）が用いられる．この単位は，UNESCO によって「塩化カリウム（KCl）32.4356 g を含む 15℃

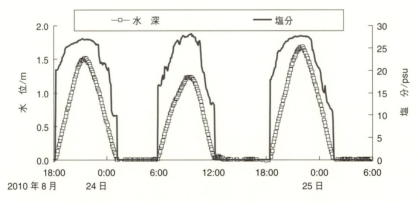

図 10.5　太田川河口域おける塩分の変動（河床上 10 cm）
太平洋側の潮の干満の影響を受けて，塩分が大きく変動しているのがわかる．水深と塩分のゼロの値は，潮が引き，堆積物が干出した時間帯を示している．

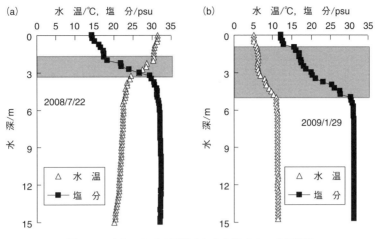

図 10.6 中海における夏期 (a) と冬期 (b) の成層構造
図中グレーで示した部分が塩分躍層.

の水溶液 1 kg の電気伝導度を塩分 35 psu とする」と定義されている（高安, 2001）．ほぼ千分比（‰）と等しい．すなわち，海水の平均塩分は約 35 psu であるが，これは約 1 kg（1000 g）の水に約 35 g の塩が溶け込んでいると考えて差し支えない．一般的に，淡水は 1 psu 以下，1〜30 psu の範囲を変動する水は汽水，海水は 30〜36 psu と，塩分によって区分されている．汽水を湛水している湖を**汽水湖**（brackish lake）とよぶ．汽水湖は，おもに河口域において砂の堆積による堰き止めで形成される海跡湖に多い（9.2.2 項参照）．

　塩分を含む水は，淡水に比べて密度が大きい．そのため，塩分を含む水は淡水の下に潜り込むような構造をなす．河口域や汽水湖において水面から底層へ鉛直的に水中をみたとき，急激に塩分に差ができる層がある．この層を**塩分躍層**（halocline）という．また，上下層間の密度差が大きく，水塊が 2 つの層に分離することを**成層化**（stagnation）という．淡水湖では，温度による密度差で成層化するが（3.4 節参照），河口域や汽水湖においては塩分による密度差も加わる．そのため，とくに夏期において成層はより強固なものとなり，上層と下層で環境がまったく異なる水塊が形成される．

　図 10.6 は，島根県と鳥取県の間に位置する汽水湖中海の夏期（2008 年 7 月 22 日）と冬期（2009 年 1 月 29 日）の水温と塩分の鉛直分布である．夏期の水温は水深 2〜4 m 付近で急激に減少している様子がみられた．これは，夏期の強い太陽光によって湖水が温められて湖水が軽くなり（密度が低下），下層に潜り込むことができなくなったためである（3.4 節, 9.4 節参照）．この水温が急激に低下していく層，すなわち水温躍層と同じ位置で塩分が急激に変化する塩分躍層もみられる．このほぼ同じ位置で水温躍層と塩分躍層の見られることが河口域および汽水湖の特徴であり，2 つの躍層が存在するために河口域および汽水湖の水は淡水湖の水より混ざりにくい．成層化すると上下層の混合が阻害され，下層へ酸素が供給され難くなり，下層の貧酸素化を招く．一方で，淡水の湖沼と違って，汽水湖は海とつながっているため，大潮や高潮（台風などの低気圧による海面の上昇）時には溶存酸素（dissolved oxygen : DO）を多く含ん

118　第 10 章　湿地，沿岸域

だ海水が下層に供給される．海水の流入の度合いは，海水位の変動幅や海からの距離および地形に影響されるため，各汽水湖で一様ではない．

　一方，冬期には，水温躍層と塩分躍層らしきものが水深 1〜5 m 付近にみられる．夏期と比べ，これらの躍層は深くなっている．これは，気温が下がることによって湖水も冷やされて重くなり，湖水が徐々に下層に潜っていけるようになったためである．しかしながら，塩分躍層が存在するため，冬期においても淡水湖に比べると湖水の下層への潜込みは容易ではない．

　第 9 章でも述べたが，躍層以深の好気的–嫌気的環境（酸化還元環境）は湖沼の物質循環を考えるうえで重要である．淡水湖は成層期間中躍層以深への DO の供給はないが，循環期には供給される．汽水湖の塩分躍層は淡水湖の水温躍層のように規則的に消滅せず，1 年を通して存在する．海水面上昇による海水の流入が DO のおもな供給源となっている．また，汽水湖は一般的に水深が数 m と浅い．塩分躍層は水温躍層に比べて強固ではあるが，台風などの強風によって消滅することがある．このときには鉛直混合が起こり，DO が豊富な表水層の水が下層に供給されることになる．

10.4　干　　潟

　干潟（tidal flat）とは，河口や内湾などに位置する潮汐の干満によって堆積物が時間的，周期的に干出と冠水を繰り返す平坦な海岸地形である（寺井，2010）．流入河川や沿岸流により砂泥が堆積する．干潟においても，潮汐の作用で塩分が激しく変化する．また，堆積物の環境は，引き潮時には堆積物表面が干出することで大気と接して好気的となり，満ち潮時には海水が冠水することで大気と遮断され嫌気的となる．干潟におけるこれらの塩分と好気的–嫌気的環境の激しい変動は，生物の適応を過酷にさせる一方で，有機物分解や栄養塩類除去など，物質循環に関連する化学反応や微生物活性を促進する．

　干潟でみられる物質循環の過程には，以下の 3 つの過程が挙げられる．

　第 1 の過程として，懸濁物の取除きの効果である．化学的には，とくにコロイド（colloid）の凝集（aggregation）が挙げられる．環境水に分散する水酸化鉄（$Fe(OH)_3$，$FeO(OH)$）や有機物などのコロイド性粒子は電荷をもつが，水中では全体としての電荷はなく，粒子のまわりに集まる反対の電荷をもつ物質と釣り合っている．淡水と海水が出合う場において，この表面電荷の中和による凝集促進が起こり，微小な粒子は集合して大きな粒子となる．大きな粒子は，小さな粒子に比べて沈降速度が速い．そのため，干潟における水中の微粒子は底に沈降し，透明度が高くなることがある．この現象は河口域や汽水域でも同様に見られるが，潮の満ち引きが生じる干潟において，沈殿した粒子は引き潮にのって海域へ移動しやすく，干潟系内から取り除かれやすい．海域に移動した粒子は，海域に生育する生物の資源にもなりうる．また，生物による懸濁物の取除きの効果として，アサリやシジミなど二枚貝による沪過が挙げられる．二枚貝は，堆積物中から水管を出して海水とともに水中の懸濁物を吸い込み，体内で沪過して摂食する．アサリ 1 個体（3 cm 程度）は 1 時間に 1 L の水を沪過すると報告されており，この値を用いて見積もると，三河湾の場合，全海水の 1% が毎日アサリの摂食活動により浄化され

ていることになる（寺井，2010）．

第2の過程は高い微生物活性による効率的な物質循環である．潮汐によって堆積物表面の酸化還元環境が繰り返し形成され，好気的環境で活性化する微生物過程と嫌気的環境で活性化する微生物過程の進行が促進する．具体例として，窒素をみてみる．引き潮時の好気的な堆積物においては，有機態窒素の無機化および硝化が進行し，これらの微生物過程を通して窒素はNO_3^-となる（9.8.1節参照）．その後満ち潮となり，堆積物が嫌気的環境に変化すると次第に脱窒が進行し，NO_3^-はN_2となり大気中へ放出され，結果として干潟から窒素が取り除かれる．この無機化と硝化，脱窒の進行の繰返しにより，窒素は干潟から取り除かれる．このように，窒素循環の効率でみると干潟は湖沼や河川に比べて優れている．第8，9章でも述べたが，酸化還元環境（9.6節）の状態は物質循環の効率性に大きな影響を及ぼす．地球化学的物質循環と生物地球化学的物質循環（第1章を参照）のリンクが効率的に進むには，酸化還元境界が密になり，かつ微生物が多く存在する土壌中に形成されることが望ましい．大気に接し，酸素が十分に堆積物中に供給される干潟は，有機物を分解する能力に優れているとともに，適切な酸化還元境界を恒常的に継続できる場であり，物質循環の視点からは理想的な環境であるといえる．

第3の過程には，一次生産から捕食を通した生物の物質の持ち運びの効果が挙げられる．干潟は，満潮に到達したとしても浅い水域であるため，水中への光が透過しやすく，一次生産力が高い場である．一次生産者は，陸から供給される豊富な窒素やリンなどを吸収し，タンパク質や核酸などの生体構成物質を合成する．一次生産者は，カニやゴカイなどの動物に捕食され，さらにそれらは魚や鳥といった動物に捕食される．魚や鳥などは，一生を干潟で過ごすことは少ない．これらの動物が干潟以外の生態系を移動することで，干潟の栄養塩を干潟系外に持ち出すこととなる．人間によるアサリやシジミの採取も重要な系外の持出しを意味する．むやみやたらにアサリやシジミを採取するのは干潟生態系のバランスを崩すことにつながるが，保全と称して人の立ち入りを制限しすぎる干潟は，人による最も基本的であるこの持出しの過程の恩恵を受けないということになる．

このように干潟は他の水域と比べて効率的な物質循環過程がはたらいているが，近年にみられる沿岸域の富栄養化が原因と考えられる海藻類の異常増殖はこのプロセスを妨げる．口絵9は，谷津干潟（千葉県）でみられた海藻 *Ulva* sp.（アオサ目の緑藻）の異常増殖の様子である．干潟は水温や塩分の急激な変動があるため，生物にとっては棲みにくい環境であり，種数は少ない．このような場では，環境に適した生物は優占的に増殖することができる．*Ulva* sp. の異常増殖は干潟一面が緑色となることから，**グリーンタイド**（green tide）とよばれており，世界の沿岸域で同じような現象が確認されている．堆積物表面が *Ulva* sp. などの大型海藻によって覆われることにより大気との接触が遮断されると，酸素が供給されなくなり，堆積物の表面は還元的になる．その結果，毒性のある硫化水素やアンモニアなど還元性物質が多量に放出され，干潟の生物にダメージを与える．また増殖した海藻が腐敗することにより悪臭や衛生面での問題が起こる．これも単一の生物の異常増殖が，生態系のバランスを損うことの一例である．

10.5 硫酸還元過程による硫化水素の発生

　湿地や沿岸域では，水の周期的な冠水や塩分躍層の影響などで嫌気的な環境が形成されやすいため，化学物質は他の水域に比べ特徴的な挙動を示す．とくに特徴的なものとして，硫黄の化学種が挙げられる．硫黄原子は -2〜$+6$ まで種々の酸化数をもつため，環境水中にさまざまな形で存在する（表 10.2）．硫黄も栄養塩であるため生物に取り込まれ，同化的に還元され，2価の有機硫黄に転換されて含硫タンパク質や含硫アミノ酸となる．これらの含硫タンパク質は生物の枯死後，微生物群によって分解され，最終的に H_2S として放出される．

　また，嫌気的な環境において，微生物は酸素の代わりに硫酸塩に含まれる酸素を使って有機物を分解してエネルギーを得ている（6.4 節）．これは，硫酸呼吸とよばれる微生物のはたらきであり，硫酸還元により硫酸塩は H_2S になる（図 10.7）．硫酸還元菌は嫌気的条件下で電子供与体として水素や有機酸を利用して増殖し，酸素のない環境に普遍的に存在する．硫酸還元菌によって異化的に還元され生成した H_2S は，鉄などの金属と反応して不溶性の黒色沈殿（金属硫化物）となる．これらの還元型硫黄化合物は大気中に放出されれば容易に光化学的酸化を受け硫酸イオン（SO_4^{2-}）にまで酸化される．また，H_2S は水中で拡散し，酸化還元境界層に達すると，酸素非発生型の光合成硫黄細菌によってチオ硫酸イオン（$S_2O_3^{2-}$）や亜硫酸イオン（SO_3^{2-}）などの中間体を経て SO_4^{2-} にまで酸化される．これらの酸素非発生型の光合成細菌は光の存在下で CO_2 を固定する嫌気性細菌であるため，光がある嫌気的環境下で還元型硫黄化合物が存在するという条件でのみ生存できる．硫黄細菌によって生成された SO_4^{2-} は嫌気的

表 10.2　硫黄化学種とその形態

物質名	硫酸イオン	亜硫酸イオン	チオ硫酸イオン	単体硫黄	硫化水素
化学式	SO_4^{2-}	SO_3^{2-}	$S_2O_3^{2-}$	S^0	H_2S
酸化数	$+6$	$+4$	$+2$	0	-2
構造式					H-S-H

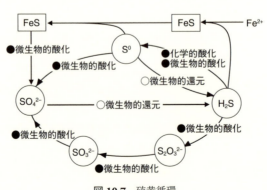

図 10.7　硫黄循環

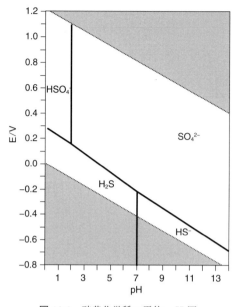

図 10.8 硫黄化学種の電位–pH 図

な条件下で，ふたたび硫酸還元菌のはたらきより H_2S へと還元される．このように，硫酸還元菌と硫黄細菌は水域における硫黄の循環で重要な役割を担っている．

硫黄化学種の電位–pH 図を図 10.8 に示す．電位–pH 図とは，化学種が安定に存在できる領域

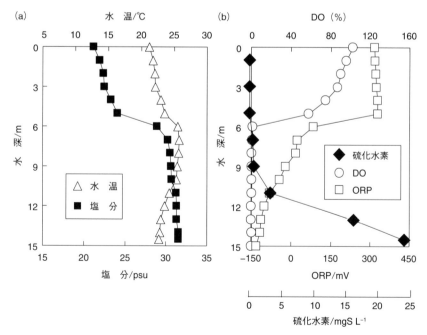

図 10.9 中海窪地における水質および硫化水素の鉛直分布（2007 年 10 月 11 日）
DO が検出されなかった下層で，高濃度の H_2S が蓄積されているのがわかる．ORP：酸化還元電位．

を示したものであり，図中の境界線はそれぞれの濃度が等しくなるところを意味する（6.5 節）. 環境水の pH 範囲である pH 6～9 において，硫黄化学種はおもに SO_4^{2-}, H_2S および HS^- として存在しており，SO_4^{2-} は幅広い電位領域（酸化的雰囲気下あるいは有酸素環境下）で存在できるのに対し，H_2S や HS^- はマイナス電位領域の狭い範囲（還元的雰囲気下あるいは無酸素環境下）でしか存在できないことがわかる.

塩分 35 psu の海水中には，SO_4^{2-} がおよそ 900 mgS L^{-1} 含まれる．河口域や干潟では，塩分は淡水の流入によって希釈されるため，SO_4^{2-} も希釈される．しかしながら，その濃度は淡水と比べるときわめて高い．嫌気的な水塊の形成は，多量の H_2S を放出することとなる（図 10.9）. H_2S は生物にとって毒となるため，その過剰の放出は，とくにベントスの死滅を招く.

H_2S は，化学的に不安定な物質であり，水中で DO を含む水に接すると容易に酸化され S^0 になる．この現象の規模が大きいときを，水面が青白色や乳白色を呈することから青潮（blue tide）とよんでいる．青潮は東京湾や大阪湾などで頻発しており，2012 年 9 月には水深がわずか 6 m しかない島根県の宍道湖でも観測された．青潮が発生すると，H_2S が存在することに加え，水中の DO が一気に消失するため，逃げ遅れた魚類などが大量に死亡することもある.

第10章 演習問題

問 1 図 10.10 は，2010 年 8 月（夏期）と 2011 年 2 月（冬期）に行った東京湾 2 地点における海底堆積物中硫化水素の分布を示したものである．地図上で，千葉灯標と東京灯標の位置を特定して，周辺の地形と水質の関係を推測せよ.

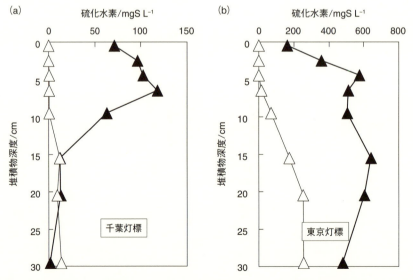

図 10.10 東京湾（千葉灯標 (a) と東京灯標 (b) 付近）における海底堆積物中硫化水素の分布 調査は，2010 年 8 月（夏期，▲）と 2011 年 2 月（冬期，△）に行った．（菅原ほか，未発表データ）

問 2 図 10.11 は汽水湖である宍道湖の夏期における湖底堆積物中硫化水素の水平分布を表したものである．図中 m に数値がついた線は等水深線で，円の大きさが硫化水素濃度を表している．湖底の地形と水質の関係を推測せよ．

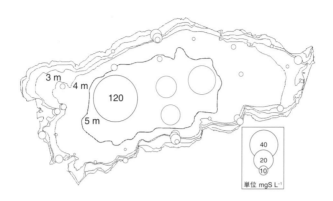

図 10.11　宍道湖における湖底堆積物中硫化水素の水平分布
調査は 2012 年 8 月下旬に行った．（管原ほか，未発表データ）

第 10 章 文　献

Charman, D. (2002) "Peatlands and Environmental Change", p.301, John Wiley & Sons.
Gopal, B., et al. (1990) Wetland definition. In: Patten, B. C. (ed.) "Wetlands and Shallow Continental Water Bodies", Vol. I., pp.9–15, SPB Academic Publishing.
Hirota, M., Senga, Y., et al. (2007) *Chemosphere*, **68**, 597–603.
岩熊敏夫（2010）『湿地環境と作物—環境と調和した作物生産を目指して—』（坂上潤一ほか 編），pp. 1–11，養賢堂.
環境省 HP. http://www.env.go.jp/nature/ramsar/conv/2-3.html.
Keddy, P. A. (2000) "Wetland Ecology: Principles and Conservation", Cambridge University Press, 632pp.
Mitsch, W. J., Gosselink, J. G. (2000) "Wetlands, 3rd ed", p.920, John Wiley & Sons.
Mitsch, W. J., Gosselink, J. G. (2007) "Wetlands, 4rd ed", p.582, John Wiley & Sons.
千賀有希子，廣田 充ほか（2010）地球環境研究，**12**, 127–132.
高安克己（2001）『汽水域の科学』（高安克己 編），pp.1–9，たたら書房.
寺井久慈愛（2010）『身近な水の環境科学—源流から干潟まで—』（日本陸水学会東海支部会 編），pp.123–137，朝倉書店.

付録

水質測定項目の原理

　いくつかの代表的な水質測定項目の測定原理を，かいつまんで紹介する．さらに詳しく知りたい人は，参考書を参照されたい．とりわけ，『無機応用比色分析 1〜6 巻』は優れた実験書で，化学分析を行う人は常に手許に置いておきたい良書である．また，微量元素を測定するための多様な分析法が『微量元素で探る海と湖の化学』にまとめて紹介されており，環境化学の研究を志す人には有益な参考書である．

A. 硬　　度

　エチレンジアミン四酢酸（ethylenediaminetetraacetic acid：EDTA）は，六座配位でさまざまな金属イオン（M^{n+}）と 1：1 で安定なキレート化合物を生成する（付図 1）．この反応を利用した金属イオンの定量法をキレート滴定法という．

　例としてエリオクロムブラック T（BT または EBT）指示薬を使ったキレート滴定法を紹介する．BT 指示薬は，pH 6 以下の酸性溶液中で赤色の沈殿となるが，中性付近では青色を，pH 12 以上の塩基性溶液中ではオレンジ色を呈する（付図 2）．全硬度の測定は，緩衝液により試料水の pH を約 10 に調整した後，BT 指示薬を加えて，$0.01\,mol\,L^{-1}$ EDTA 溶液で滴定する．BT 指示薬は Ca^{2+}，Mg^{2+} などの金属イオンを含む溶液中に加えるとキレート化合物を生成し，赤紫色を呈する．次に，この溶液に EDTA 標準溶液を滴下すると，EDTA のほうが BT よりも，Ca^{2+}，Mg^{2+} とのキレート化合物の安定度定数が大きいため，Ca^{2+}，Mg^{2+} は BT との錯体から EDTA との錯体（無色）に変化する．すべての BT 錯体から Ca^{2+}，Mg^{2+} が奪わ

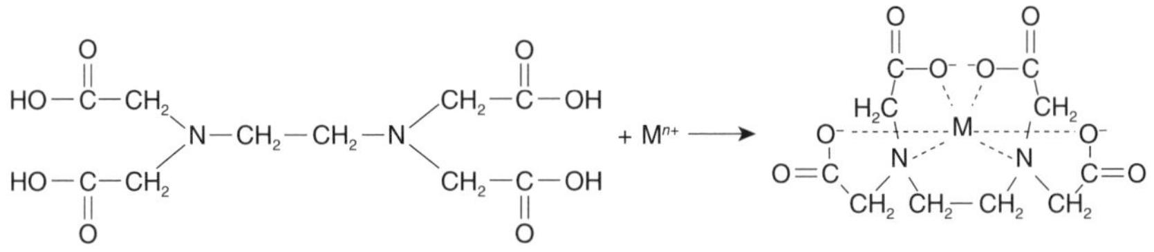

付図 1　EDTA と金属イオンの反応

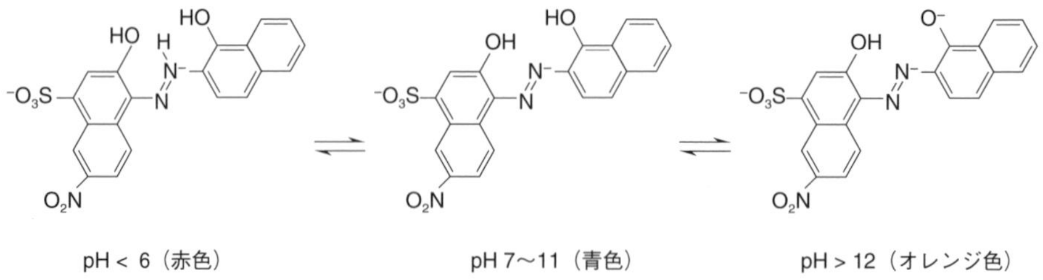

pH < 6（赤色）　　　　　　pH 7〜11（青色）　　　　　　pH > 12（オレンジ色）

付図 2　BT 指示薬

れ，反応終了となると，溶液の色は遊離した BT 指示薬により青色となる．

B.　ケイ酸イオン（モリブデンブルー法）

オルトケイ酸（H_4SiO_4）は pH 1.2〜1.5 においてモリブデン酸と反応して，黄色のケイモリブデン錯体を生成する．この黄色の強度はケイ酸の濃度に比例するので，ケイ酸を吸光光度法で定量することができる．また，これを還元すると青色を呈するので，この青色の強度を測定することにより高い精度で定量が行える．

C.　リン酸イオン（モリブデンブルー法）

リン酸イオン（PO_4^{3-}）は酸性溶液中でモリブデン酸と反応して，黄色のリンモリブデン錯体（モリブデンイエロー錯体）を生成する．

$$3\,NH_4^+ + H_2PO_4^- + 12\,MoO_4^{2-} + 22\,H^+ \longrightarrow (NH_4)_3PO_4 \cdot 12\,MoO_3 + 12\,H_2O$$
モリブデンイエロー錯体

$$(NH_4)_3PO_4 \cdot 12\,MoO_3 + 還元剤 \longrightarrow モリブデンブルー錯体$$

これをアスコルビン酸で還元すると濃い青色を呈する（モリブデンブルー錯体）．この際，アンチモンが共存すると青色がより強くなる．この青色の強度はリン酸イオン濃度に比例するので吸光光度法により定量できる．

D.　硝酸イオン・亜硝酸イオン（ナフチルエチレンジアミン法）

亜硝酸イオン（NO_2^-）が酸性溶液中で芳香族第一級アミン（スルファニルアミドなど）と反応して生じるジアゾ化合物に，芳香族アミン類（ナフチルエチレンジアミンなど）を加え，カップリングして生じるアゾ化合物の赤色の吸光度を測定する（付図3）．本法による定量範囲は，NO_2^-–N として 0.3〜3.0 mg L^{-1} である．

硝酸イオン（NO_3^-）濃度を定量するには，まず塩化アンモニウム共存下で，カドミウム–銅混合カラムや亜鉛粉末などによって硝酸イオンを亜硝酸イオンに還元する．還元した液体をナフチルエチレンジアミン法によって測定し（硝酸 + 亜硝酸が測定される），還元せずに測定した亜硝酸の値を差し引くことにより硝酸濃度を求める．

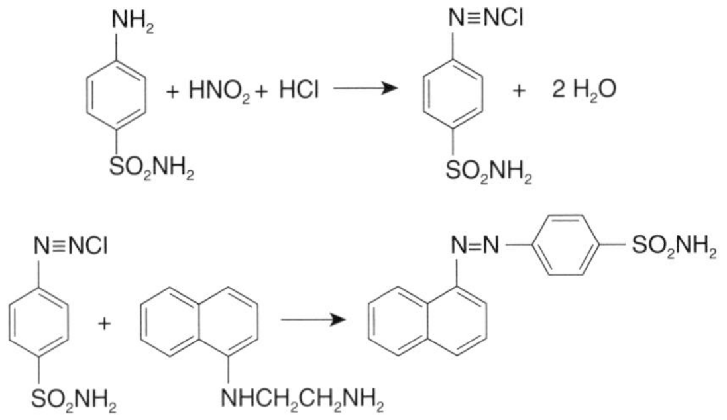

付図 3 ナフチルエチレンジアミン法の反応機構

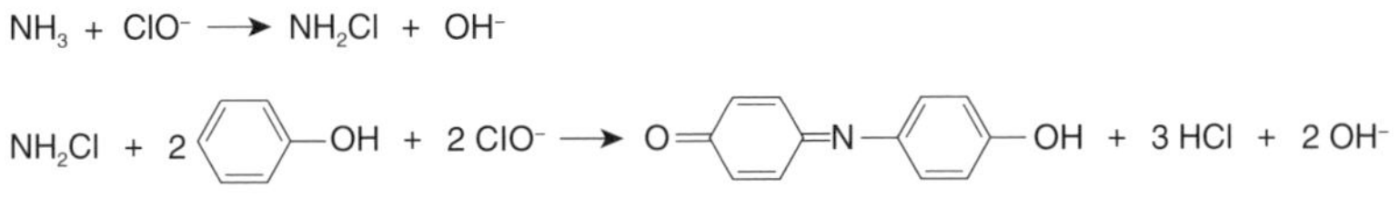

$$NH_3 + ClO^- \longrightarrow NH_2Cl + OH^-$$

付図 4 インドフェノール青法の反応機構

E. アンモニウムイオン（インドフェノール青法）

インドフェノール青法は 2 段階の反応で成り立っている。試料溶液中のアンモニア（NH_3）は，塩基性条件下で次亜塩素酸塩と反応しモノクロラミンを生成する。さらにモノクロラミンとフェノールが反応して生じるインドフェノール青の吸光度を測定することによりアンモニウムイオンを測定する（付図 4）。本法による定量範囲は，NH_4–N として 2～50 mg L^{-1} である。

付録 文 献

藤永太一郎 監，宗林由樹，一色健司 編（2005）『微量元素で探る海と湖の化学』，pp.395–549，京都大学学術出版会.

無機応用比色分析編集委員会 編（1973～1979）『無機応用比色分析 1～6』，共立出版.

付表　日本のおもな湖沼

付表　日本のおもな湖沼

順位	名称	都道府県	成因	汽水/淡水	面積 km²	標高 m	周囲長 km	最大水深 m	平均水深 m	全面結氷	湖沼型	透明度 m
1	琵琶湖	滋賀	断層	淡水	669.2	85	241	103.8	41.2	しない	中栄養	6.0
2	霞ヶ浦	茨城	海跡	淡水	168.2	0	120	11.9	3.4	しない	富栄養	0.6
3	サロマ湖	北海道（オホーツク）	海跡	汽水	151.6	0	87	19.6	8.7	する	富栄養	9.4
4	猪苗代湖	福島	断層	淡水	103.2	514	50	93.5	51.5	しない	酸栄養	6.1
5	中海	島根・鳥取	海跡	汽水	85.7	0	105	17.1	5.4	しない	富栄養	5.5
6	屈斜路湖	北海道（釧路）	カルデラ	淡水	79.5	121	57	117.5	28.4	する	酸栄養	6.0
7	宍道湖	島根	海跡	汽水	79.3	0	47	6.0	4.5	しない	富栄養	1.0
8	支笏湖	北海道（石狩）	カルデラ	淡水	78.5	248	40	360.1	265.4	しない	貧栄養	17.5
9	洞爺湖	北海道（胆振）	カルデラ	淡水	70.7	84	50	179.7	117.0	しない	貧栄養	10.0
10	浜名湖	静岡	海跡	汽水	64.9	0	114	13.1	4.8	しない	中栄養	1.3
11	小川原湖	青森	海跡	汽水	62.1	0	47	24.4	10.5	する	中栄養	3.2
12	十和田湖	青森・秋田	カルデラ	淡水	61.1	400	46	326.8	71.0	する	貧栄養	9.0
13	風蓮湖	北海道（根室）	海跡	汽水	59.0	0	94	13.0	1.0	する	貧栄養	4.0
14	能取湖	北海道（オホーツク）	海跡	汽水	58.2	0	33	23.1	8.6	する	富栄養	5.5
15	北浦	茨城	海跡	淡水	35.0	0	64	7.8	4.5	しない	富栄養	0.6
16	厚岸湖	北海道（釧路）	海跡	汽水	32.3	0	25	11.0	—	しない	中栄養	1.3
17	網走湖	北海道（オホーツク）	海跡	汽水	32.3	0	39	16.1	6.1	する	富栄養	1.4
18	八郎潟調整池	秋田	海跡	淡水	27.8	1	35	11.3	—	する	富栄養	1.3
19	田沢湖	秋田	カルデラ	淡水	25.8	249	20	423.4	280.0	—	酸栄養	4.0
20	摩周湖	北海道（釧路）	カルデラ	淡水	19.2	351	20	211.4	137.5	する	貧栄養	28.0
21	十三湖	青森	海跡	汽水	17.8	0	28	1.5	—	しない	中栄養	1.0
22	クッチャロ湖	北海道（宗谷）	海跡	淡水	13.4	0	30	3.3	1.0	する	富栄養	2.2
23	阿寒湖	北海道（釧路）	カルデラ	淡水	13.3	420	26	44.8	17.8	する	富栄養	5.0
24	諏訪湖	長野	断層	淡水	12.8	759	17	7.6	4.6	する	富栄養	0.5
25	中禅寺湖	栃木	堰止	淡水	11.9	1269	22	163.0	94.6	しない	貧栄養	9.0
26	池田湖	鹿児島	カルデラ	淡水	10.9	66	15	233.0	125.5	しない	中栄養	6.5
27	桧原湖	福島	堰止	淡水	10.7	822	38	30.5	12.0	する	中栄養	4.5
28	印旛沼	千葉	堰止	淡水	9.4	2	44	4.8	1.7	しない	富栄養	0.8
29	涸沼	茨城	海跡	汽水	9.3	0	20	3.0	2.1	しない	富栄養	0.6
30	濤沸湖	北海道（オホーツク）	海跡	汽水	8.2	1	27	2.4	1.1	する	富栄養	0.8
31	万石浦	宮城	海跡	汽水	7.3	0	22	—	—	しない	富栄養	3.0
32	久美浜湾	京都	海跡	汽水	7.2	0	23	20.6	—	しない	富栄養	3.0
33	芦ノ湖	神奈川	カルデラ	淡水	7.0	725	19	40.6	25.0	しない	中栄養	7.5
34	湖山池	鳥取	海跡	汽水	7.0	0	18	6.5	2.8	—	富栄養	1.0
35	山中湖	山梨	堰止	淡水	6.6	981	14	13.3	9.4	する	中栄養	5.5

（国立天文台 編，「2016年度版理科年表」，丸善出版）より．

索　引

英　字

AHS　46

BOD　10
BT 指示薬　125

COD　10

DNRA　107
DO　7
DS　30

EDTA　125

GMWL　92
GPP　104

HSAB 則　78

M アルカリ度　8

NHE　68
NPP　104

ORP　8

P アルカリ度　8
pH　7, 35
pHzpc　73
ppb　4
ppm　4
ppt　4
psu　116

SHE　68
SS　6, 25

T アルカリ度　8
TN　10

TP　9

VSMOW　92

あ　行

青潮　122
アナモックス　107
亜熱帯湖　89, 100
アメリカ硬度　9
アルカリ栄養湖　102
アルカリ度　8
安定領域図　66

硫黄循環　120
イオン積
　　水の――　36
遺骸　83
異化型硝酸還元過程　107
移行帯　113
一次生産　86, 104
インドフェノール青法　127

ウィーン標準平均海水　92

栄養塩　83, 105
沿岸帯　99
塩分躍層　117

オキソニウムイオン　30
温室効果　20
温帯湖　101

か　行

海跡湖　98
過栄養湖　89, 101
カオリン濁度　7
化学的酸素要求量　10
化学的風化　18

河口域　113, 116
火口湖　98
火山湖　98
加水分解　55
河跡湖　97
河川水　23
河川連続体仮説　83
硬い塩基　79
硬い酸　79
活量　4
活量係数　4
カルデラ湖　98
環境ホルモン　46
緩衝液　38
緩衝能　38
岩石圏　17

汽水　23
汽水湖　98, 117
強腐水性水域　14

グリーンタイド　119

懸濁態　49
懸濁態リン　9
懸濁物質　6, 25

高位泥炭地　114
構造湖　98
高層湿原　114
硬度　9
湖沼型　101
湖沼水　23

さ　行

酸栄養湖　102
酸化還元電位　8

自己プロトリシス　36

索　引

止水域　97
自生性　110
湿原　113, 114
湿地　114
湿地林　114
実用塩分単位　116
純一次生産力　104
循環期　100
沼沢地　114
蒸発熱　24
消費者　83
植物プランクトン　33, 84
侵食湖　97
深水層　89, 100
深底部　99

水温躍層　33, 89, 100
水系腐植物質　32, 46
水圏　17
水質基準　11
水生植物　115
水生植物帯　99
水素結合　27
水中相対照度　99

制限因子　109
生産層　104
成層　100
成層化　117
成層期　100
生物化学的酸素要求量　10
生物学的水質階級　14
生物圏　17
生物地球化学的物質循環　3, 119
堰　91
潟湖　113
堰止湖　98
セッキ板　8
全窒素　10
潜熱　24
全リン　9

総一次生産力　104

た　行

大気圏　17
滞留時間　5, 89
濁度　7, 25

他生性　110
脱窒　105
淡水　1, 30
断層湖　98

地下水　23
地球化学的物質循環　119
窒素固定　3, 105
窒素循環　3, 105
窒素飽和　85
中栄養湖　89, 101
抽水植物帯　99
沖帯　99
中腐水性水域　14
調和型湖沼　101
貯留庫　5
沈水植物帯　99

梅雨　1

低位泥炭地　114
底生生物　105
低層湿原　114
泥炭地　114
電位–pH 図　66, 121
電気伝導率　7
天水線　92

ドイツ硬度　9
透過光濁度　7
導電率　7
　水の——　30
透明度　8, 25
トリリニアダイアグラム　84

な　行

内部生産　83
内分泌攪乱物質　46
ナフチルエチレンジアミン法
　126

濁り　25

ネクトン　105
ネルンスト式　63

は　行

配位座　77
配位子　77
はぎ取り者　83
破砕食者　83
氾濫湖　97

干潟　113, 118
非調和型湖沼　101
ビーバーダム　98
氷河　23
氷河湖　97
標準酸化還元電位　63
標準水素電極　68
氷食湖　98
表水層　89, 100
貧栄養湖　102
貧腐水性水域　14

富栄養化　102
富栄養湖　89, 101
腐植栄養湖　102
付着藻類　83
物質循環　2
フミン酸　32, 47
浮遊生物　105
浮葉植物帯　99
フラックス　5
プランクトン　105
プールベダイアグラム　66
フルボ酸　32
プレート　17
分圧　37, 67
分解者　45
分解層　104

ベールの法則　26
ヘンダーソン・ハッセルバルヒの
　式　38
ベントス　105
ヘンリー定数　37

補償深度　26, 99
ボックスモデル　5
ホルマジン濁度　7

ま　行

マグマオーシャン　17
マスキング作用　49
マール　98

水　23
　——のイオン積　36
　——の解離　30
　——の状態図　28
　——の導電率　30

無機態窒素　10
無機態リン　9
無光層　26, 99

モホ面　18
モホロビチッチ不連続面　18
モリブデンブルー法　126

モル濃度　4
モンスーン　1

や　行

軟らかい塩基　79
軟らかい酸　79

遊泳生物　105
融解熱　24
有機態リン　9
有光層　26, 99

溶解性蒸発残留物　30
溶解度積　40, 48
溶食湖　98
溶存酸素　7
溶存酸素飽和率　103
溶存態　49

溶存態リン　9

ら　行

ランベルトの法則　26
ランベルト・ベールの法則　25

陸水　1, 23
陸水学　1
リザーバー　5
硫酸呼吸　120
流水域　97
リン循環　107

レッドフィールド比　109

濾過食者　84

編　者

藤永　薫 (ふじなが かおる)

著者紹介

大嶋俊一 (おおしま しゅんいち)
2003 年　金沢大学大学院自然科学研究科博士後期課程修了.
現　在　金沢工業大学バイオ・化学部教授. 博士 (理学).
担当章　第 4 章, 第 6 章, 第 7 章担当.

管原庄吾 (すがはら しょうご)
2012 年　島根大学大学院総合理工学研究科博士後期課程修了.
現　在　島根大学大学院総合理工学研究科物質化学領域講師. 博士 (理学).
担当章　第 5 章, 第 10 章担当.

杉山裕子 (すぎやま ゆうこ)
1999 年　京都大学大学院人間・環境学研究科博士後期課程修了.
現　在　岡山理科大学理学部准教授. 京都大学博士 (人間・環境学).
担当章　第 1 章, 第 7 章, 付録担当.

千賀有希子 (せんが ゆきこ)
2002 年　鳥取大学大学院連合農学研究科博士後期課程修了.
現　在　東邦大学理学部准教授. 博士 (農学).
担当章　第 4 章, 第 9 章, 第 10 章担当.

藤永　薫 (ふじなが かおる)
1981 年　同志社大学大学院工学研究科博士後期課程修了.
現　在　金沢工業大学客員教授. 博士 (工学).
担当章　第 1 章, 第 2 章, 第 5 章, 第 6 章, 第 7 章担当.

向井　浩 (むかい ひろし)
1990 年　京都大学大学院理学研究科博士後期課程研究指導認定退学.
現　在　京都教育大学教育学部教授. 京都大学理学博士.
担当章　第 3 章, 第 5 章担当.

山田佳裕 (やまだ よしひろ)
1997 年　京都大学大学院理学研究科博士後期課程修了.
現　在　香川大学農学部教授. 博士 (理学).
担当章　第 1 章, 第 8 章, 第 9 章, 第 10 章担当.

陸水環境化学
Limnological Chemistry

2017 年 10 月 10 日　初版 1 刷発行
2022 年 9 月 5 日　初版 3 刷発行

編　者　藤永　薫
著　者　大嶋俊一・管原庄吾・杉山裕子
　　　　千賀有希子・藤永　薫・向井　浩
　　　　山田佳裕 ⓒ 2017

発行者　南條光章

発行所　**共立出版株式会社**
〒 112-0006
東京都文京区小日向 4 丁目 6 番地 19 号
電話　（03）3947-2511（代表）
振替口座　00110-2-57035
URL　www.kyoritsu-pub.co.jp

印　刷
製　本　藤原印刷

一般社団法人
自然科学書協会
会員

検印廃止
NDC 452.9, 433, 468.2
ISBN 978-4-320-04733-4

Printed in Japan

JCOPY ＜出版者著作権管理機構委託出版物＞
本書の無断複製は著作権法上での例外を除き禁じられています．複製される場合は，そのつど事前に，
出版者著作権管理機構（ＴＥＬ：03-5244-5088，ＦＡＸ：03-5244-5089，e-mail：info@jcopy.or.jp）の
許諾を得てください．

■環境科学関連書

www.kyoritsu-pub.co.jp **共立出版**

ハンディー版 環境用語辞典 第3版・・・・・・・・・・・・上田豊甫他編

ニュースが面白くなるエネルギーの読み方・・堀 史郎他著

エネルギーと環境の科学・・・・・・・・・・・・・・・・・・山崎耕造著

入門 環境の科学と工学・・・・・・・・・・・・・・・・・・川本克也他著

水環境工学 水処理とマネージメントの基礎・・・・・・・・・・・川本克也他著

物質・エネルギー再生の科学と工学・・・葛西栄輝他著

環境エネルギー・・・・・・・・・・・・・・・・・・・・・・化学工学会編

陸水環境化学・・・・・・・・・・・・・・・・・・・・・・・藤永 薫編集

生態学と化学物質とリスク評価 (共立SS 18)・・加茂将史著

環境同位体による水循環トレーシング・・・山中 勤著

環境地下水学・・・・・・・・・・・・・・・・・・・・・・・藤縄克之著

地球・環境・資源 地球と人類の共生をめざして 第2版 内田悦生他編

地球の歴史と環境 (物理科学のコンセプト 8)・・・・・・・・本田 建訳

生態学は環境問題を解決できるか？(共立SS 31) 伊勢武史著

生物多様性の多様性 (共立SS 23)・・・・・・・・・・・・・・・森 章著

安定同位体を用いた餌資源・食物網調査法 (生態学FS 6)・・・・土居秀幸他著

森林集水域の物質循環調査法 (生態学FS 1) 柴田英昭著

森林と地球環境変動 (森林科学S 6)・・・・・・・・・・・三枝信子他編

湖沼近過去調査法 より良い湖沼環境と保全目標設定のために ・・・・・・・・占部城太郎編

エコシステムマネジメント 包括的な生態系の保全と管理へ・・・・・・・・森 章編集

環境生物学 地球の環境を守るには・・・・・・・・・・・・・針山孝彦他著

生態リスク学入門 予防的順応的管理・・・・・・・・・・・・・松田裕之著

乾燥地の自然と緑化 砂漠化地域の生態系修復に向けて ・・・吉川 賢他編著

SOFIX物質循環型農業 有機農業・減農薬・減化学肥料への指標・・・・・・久保 幹著

生命・食・環境のサイエンス・・・・・・・・・・・・・・・江坂宗春監修

森の根の生態学・・・・・・・・・・・・・・・・・・・・・・平野恭弘他編

森林と災害 (森林科学S 3)・・・・・・・・・・・・・・・・・中村太士他編

津波と海岸林 バイオシールドの減災効果・・・・・・・・・・佐々木 寧他著

環境計画 政策・制度・マネジメント・・・・・・・・・・・・・・秀島栄三訳

地盤環境工学・・・・・・・・・・・・・・・・・・・・・・・嘉門雅史他著

環境材料学 地球環境保全に関わる腐食・防食工学・・・・・長野博夫他著

4桁の原子量表（2017）

（元素の原子量は，質量数 12 の炭素（^{12}C）を 12 とし，これに対する相対値とする。）

　本表は，実用上の便宜を考えて，国際純正・応用化学連合（IUPAC）で承認された最新の原子量に基づき，日本化学会原子量専門委員会が独自に作成したものである。本来，同位体存在度の不確定さは，自然に，あるいは人為的に起こりうる変動や実験誤差のために，元素ごとに異なる。従って，個々の元素の原子量の値は，正確度が保証された有効数字の桁数が大きく異なる。本表の原子量を引用する際には，このことに注意を喚起することが望ましい。

　なお，本表の原子量の信頼性は亜鉛の場合を除き有効数字の 4 桁目で±1 以内である。また，安定同位体がなく，天然で特定の同位体組成を示さない元素については，その元素の放射性同位体の質量数の一例を（　）内に示した。従って，その値を原子量として扱うことは出来ない。

原子番号	元　素　名	元素記号	原子量	原子番号	元　素　名	元素記号	原子量
1	水　　　　素	H	1.008	60	ネ　オ　ジ　ム	Nd	144.2
2	ヘ　リ　ウ　ム	He	4.003	61	プロメチウム	Pm	(145)
3	リ　チ　ウ　ム	Li	6.941 †	62	サ　マ　リ　ウ　ム	Sm	150.4
4	ベ　リ　リ　ウ　ム	Be	9.012	63	ユウロピウム	Eu	152.0
5	ホ　　ウ　　素	B	10.81	64	ガドリニウム	Gd	157.3
6	炭　　　　素	C	12.01	65	テルビウム	Tb	158.9
7	窒　　　　素	N	14.01	66	ジスプロシウム	Dy	162.5
8	酸　　　　素	O	16.00	67	ホルミウム	Ho	164.9
9	フ　ッ　素	F	19.00	68	エ　ル　ビ　ウ　ム	Er	167.3
10	ネ　オ　ン	Ne	20.18	69	ツ　リ　ウ　ム	Tm	168.9
11	ナ　ト　リ　ウ　ム	Na	22.99	70	イッテルビウム	Yb	173.0
12	マ　グ　ネ　シ　ウ　ム	Mg	24.31	71	ル　テ　チ　ウ　ム	Lu	175.0
13	アルミニウム	Al	26.98	72	ハ　フ　ニ　ウ　ム	Hf	178.5
14	ケ　イ　素	Si	28.09	73	タ　ン　タ　ル	Ta	180.9
15	リ　　ン	P	30.97	74	タングステン	W	183.8
16	硫　　　　黄	S	32.07	75	レ　ニ　ウ　ム	Re	186.2
17	塩　　　　素	Cl	35.45	76	オ　ス　ミ　ウ　ム	Os	190.2
18	ア　ル　ゴ　ン	Ar	39.95	77	イ　リ　ジ　ウ　ム	Ir	192.2
19	カ　リ　ウ　ム	K	39.10	78	白　　　　金	Pt	195.1
20	カ　ル　シ　ウ　ム	Ca	40.08	79	金	Au	197.0
21	スカンジウム	Sc	44.96	80	水　　　　銀	Hg	200.6
22	チ　タ　ン	Ti	47.87	81	タ　リ　ウ　ム	Tl	204.4
23	バナジウム	V	50.94	82	鉛	Pb	207.2
24	ク　ロ　ム	Cr	52.00	83	ビ　ス　マ　ス	Bi	209.0
25	マ　ン　ガ　ン	Mn	54.94	84	ポ　ロ　ニ　ウ　ム	Po	(210)
26	鉄	Fe	55.85	85	ア　ス　タ　チ　ン	At	(210)
27	コ　バ　ル　ト	Co	58.93	86	ラ　ド　ン	Rn	(222)
28	ニ　ッ　ケ　ル	Ni	58.69	87	フランシウム	Fr	(223)
29	銅	Cu	63.55	88	ラ　ジ　ウ　ム	Ra	(226)
30	亜　　　　鉛	Zn	65.38*	89	アクチニウム	Ac	(227)
31	ガ　リ　ウ　ム	Ga	69.72	90	ト　リ　ウ　ム	Th	232.0
32	ゲルマニウム	Ge	72.63	91	プロトアクチニウム	Pa	231.0
33	ヒ　素	As	74.92	92	ウ　ラ　ン	U	238.0
34	セ　レ　ン	Se	78.97	93	ネプツニウム	Np	(237)
35	臭　　　　素	Br	79.90	94	プルトニウム	Pu	(239)
36	ク　リ　プ　ト　ン	Kr	83.80	95	アメリシウム	Am	(243)
37	ル　ビ　ジ　ウ　ム	Rb	85.47	96	キュリウム	Cm	(247)
38	ストロンチウム	Sr	87.62	97	バークリウム	Bk	(247)
39	イットリウム	Y	88.91	98	カリホルニウム	Cf	(252)
40	ジルコニウム	Zr	91.22	99	アインスタイニウム	Es	(252)
41	ニ　オ　ブ	Nb	92.91	100	フェルミウム	Fm	(257)
42	モリブデン	Mo	95.95	101	メンデレビウム	Md	(258)
43	テクネチウム	Tc	(99)	102	ノーベリウム	No	(259)
44	ル　テ　ニ　ウ　ム	Ru	101.1	103	ローレンシウム	Lr	(262)
45	ロ　ジ　ウ　ム	Rh	102.9	104	ラザホージウム	Rf	(267)
46	パ　ラ　ジ　ウ　ム	Pd	106.4	105	ド　ブ　ニ　ウ　ム	Db	(268)
47	銀	Ag	107.9	106	シーボーギウム	Sg	(271)
48	カ　ド　ミ　ウ　ム	Cd	112.4	107	ボ　ー　リ　ウ　ム	Bh	(272)
49	イ　ン　ジ　ウ　ム	In	114.8	108	ハッシウム	Hs	(277)
50	ス　ズ	Sn	118.7	109	マイトネリウム	Mt	(276)
51	アンチモン	Sb	121.8	110	ダームスタチウム	Ds	(281)
52	テ　ル　ル	Te	127.6	111	レントゲニウム	Rg	(280)
53	ヨ　ウ　素	I	126.9	112	コペルニシウム	Cn	(285)
54	キ　セ　ノ　ン	Xe	131.3	113	ニ　ホ　ニ　ウ　ム	Nh	(278)
55	セ　シ　ウ　ム	Cs	132.9	114	フレロビウム	Fl	(289)
56	バ　リ　ウ　ム	Ba	137.3	115	モスコビウム	Mc	(289)
57	ラ　ン　タ　ン	La	138.9	116	リバモリウム	Lv	(293)
58	セ　リ　ウ　ム	Ce	140.1	117	テ　ネ　シ　ン	Ts	(293)
59	プラセオジム	Pr	140.9	118	オガネソン	Og	(294)

† : 市販品中のリチウム化合物のリチウムの原子量は 6.938 から 6.997 の幅をもつ。
* : 亜鉛に関しては原子量の信頼性は有効数字 4 桁目で±2 である。

©2017 日本化学会　原子量専門委員会

日本化学会原子量専門委員会，「原子量表（2017）」より転載．